T0194676

essentials

essentials liefern aktuelles Wissen in konzentrierter Form. Die Essenz dessen, worauf es als „State-of-the-Art" in der gegenwärtigen Fachdiskussion oder in der Praxis ankommt. *essentials* informieren schnell, unkompliziert und verständlich

- als Einführung in ein aktuelles Thema aus Ihrem Fachgebiet
- als Einstieg in ein für Sie noch unbekanntes Themenfeld
- als Einblick, um zum Thema mitreden zu können

Die Bücher in elektronischer und gedruckter Form bringen das Fachwissen von Springerautor*innen kompakt zur Darstellung. Sie sind besonders für die Nutzung als eBook auf Tablet-PCs, eBook-Readern und Smartphones geeignet. *essentials* sind Wissensbausteine aus den Wirtschafts-, Sozial- und Geisteswissenschaften, aus Technik und Naturwissenschaften sowie aus Medizin, Psychologie und Gesundheitsberufen. Von renommierten Autor*innen aller Springer-Verlagsmarken.

Weitere Bände in der Reihe http://www.springer.com/series/13088

Gerald Wittmann

Grundbegriffe der elementaren Zahlentheorie

Von der Teilerrelation zur
Kongruenz modulo *m*

 Springer Spektrum

Gerald Wittmann
Institut für Mathematische Bildung
Pädagogische Hochschule Freiburg
Freiburg im Breisgau, Deutschland

ISSN 2197-6708   ISSN 2197-6716   (electronic)
essentials
ISBN 978-3-658-31755-3   ISBN 978-3-658-31756-0   (eBook)
https://doi.org/10.1007/978-3-658-31756-0

Die Deutsche Nationalbibliothek verzeichnet diese Publikation in der Deutschen Nationalbiblio-
grafie; detaillierte bibliografische Daten sind im Internet über http://dnb.d-nb.de abrufbar.

© Der/die Herausgeber bzw. der/die Autor(en), exklusiv lizenziert durch Springer Fachmedien
Wiesbaden GmbH, ein Teil von Springer Nature 2020
Das Werk einschließlich aller seiner Teile ist urheberrechtlich geschützt. Jede Verwertung, die
nicht ausdrücklich vom Urheberrechtsgesetz zugelassen ist, bedarf der vorherigen Zustimmung
des Verlags. Das gilt insbesondere für Vervielfältigungen, Bearbeitungen, Übersetzungen,
Mikroverfilmungen und die Einspeicherung und Verarbeitung in elektronischen Systemen.
Die Wiedergabe von allgemein beschreibenden Bezeichnungen, Marken, Unternehmensnamen
etc. in diesem Werk bedeutet nicht, dass diese frei durch jedermann benutzt werden dürfen. Die
Berechtigung zur Benutzung unterliegt, auch ohne gesonderten Hinweis hierzu, den Regeln des
Markenrechts. Die Rechte des jeweiligen Zeicheninhabers sind zu beachten.
Der Verlag, die Autoren und die Herausgeber gehen davon aus, dass die Angaben und
Informationen in diesem Werk zum Zeitpunkt der Veröffentlichung vollständig und korrekt
sind. Weder der Verlag, noch die Autoren oder die Herausgeber übernehmen, ausdrücklich oder
implizit, Gewähr für den Inhalt des Werkes, etwaige Fehler oder Äußerungen. Der Verlag bleibt
im Hinblick auf geografische Zuordnungen und Gebietsbezeichnungen in veröffentlichten Karten
und Institutionsadressen neutral.

Planung/Lektorat: Annika Denkert
Springer Spektrum ist ein Imprint der eingetragenen Gesellschaft Springer Fachmedien Wies-
baden GmbH und ist ein Teil von Springer Nature.
Die Anschrift der Gesellschaft ist: Abraham-Lincoln-Str. 46, 65189 Wiesbaden, Germany

Was Sie in diesem *essential* finden können

Eine kompakte und auf das Wesentliche fokussierte Darstellung der elementaren Zahlentheorie, die insbesondere für einen ersten Überblick über dieses Teilgebiet, für die Prüfungsvorbereitung oder zum Nachschlagen wichtiger Definitionen und Sätze herangezogen werden kann.

Die Zahlentheorie ist das Teilgebiet der Mathematik, das sich mit den Eigenschaften der natürlichen Zahlen befasst: insbesondere mit der Teilbarkeit, mit Teilern und Vielfachen sowie mit Primzahlen und der Primfaktorzerlegung. Es handelt sich um ein sehr altes Teilgebiet der Mathematik, dessen Grundlagen bereits im 3. Jahrhundert v. Chr. im antiken Griechenland gelegt wurden – am bekanntesten ist sicherlich Euklid. Andererseits basieren auf der Zahlentheorie heute zahlreiche mathematische Anwendungen wie Prüfziffern oder Verschlüsselungen.

Die elementare Zahlentheorie wird so bezeichnet, weil sie lediglich die Arithmetik als Grundlage benötigt und ansonsten keine weiteren Teilgebiete hinzuzieht, anders als etwa die algebraische Zahlentheorie oder die analytische Zahlentheorie.

Inhaltsverzeichnis

1 Teilerrelation und Teilermenge 1

2 Teilbarkeitsregeln 9

3 Gemeinsame Teiler und Vielfache 15

4 Primzahlen.. 23

5 Primfaktorzerlegung....................................... 33

6 Kongruenz modulo m 43

Literatur.. 53

Teilerrelation und Teilermenge

1

Dass eine Zahl Teiler einer anderen Zahl ist, wird intuitiv damit in Verbindung gebracht, dass die Division „aufgeht" und deshalb „kein Rest bleibt". Dies erweist sich jedoch als wenig tragfähig für die Entwicklung einer mathematischen Theorie. Deshalb wird für die Definition der Relation „... ist Teiler von ..." die Multiplikation als Umkehroperation der Division herangezogen. Auf welche Weise dies möglich ist, wird zunächst an einem Zahlenbeispiel erläutert.

9 ist ein Teiler von 27, weil $27 : 9 = 3$. Das „Aufgehen" der Division $27 : 9 = 3$ ist gleichbedeutend damit, dass der Dividend 27 als Produkt aus dem Quotienten 3 und dem Divisor 9 geschrieben werden kann: $27 = 3 \cdot 9$. Mit anderen Worten: 9 ist ein Teiler von 27, weil $27 = 3 \cdot 9$. Umgekehrt ist 8 kein Teiler von 26. Da bei der Division $26 : 8$ der Rest 2 bleibt, ist eine solche Darstellung als Produkt allenfalls in der Form $26 = 3 \cdot 8 + 2$ oder in der Form $26 = 3,25 \cdot 8$ möglich, wobei der Zahlbereich der natürlichen Zahlen verlassen wird.

Ähnlich wie in diesem Beispiel wird nun die Teilerrelation (Definition 1.1) über die Multiplikation definiert und später auch die allgemeine Darstellung der Division mit Rest notiert (Satz 3.1). Die Vorteile einer derartigen Definition zeigen sich schon bei den ersten Beweisen.

Definition 1.1 Für $a, b \in \mathbb{Z}$ heißt a ein *Teiler* von b, wenn ein $q \in \mathbb{Z}$ existiert, sodass $b = q \cdot a$.

Man schreibt kurz $a \mid b$ und spricht dies als „a ist Teiler von b", alltagssprachlich auch als „a teilt b" oder „b ist durch a teilbar".

© Der/die Herausgeber bzw. der/die Autor(en), exklusiv lizenziert durch
Springer Fachmedien Wiesbaden GmbH, ein Teil von Springer Nature 2020
G. Wittmann, *Grundbegriffe der elementaren Zahlentheorie*, essentials,
https://doi.org/10.1007/978-3-658-31756-0_1

Satz 1.1 Für a, b, $c \in \mathbb{Z}$ gilt:

(1) $1 \mid a$

(2) $a \mid a$ (Reflexivität)

(3) Wenn $a \mid b$ und $b \mid c$, dann auch $a \mid c$. (Transitivität)

Beweis: (1) Es gilt $a = a \cdot 1$ und deshalb $1 \mid a$ für $a \in \mathbb{Z}$ nach Definition 1.1.

(2) Es gilt $a = 1 \cdot a$ und deshalb $a \mid a$ für $a \in \mathbb{Z}$ nach Definition 1.1.

(3) Wegen $a \mid b$ existiert ein $q_1 \in \mathbb{Z}$ mit $b = q_1 \cdot a$ und wegen $b \mid c$ existiert ein $q_2 \in \mathbb{Z}$ mit $c = q_2 \cdot b$. Daraus erhält man

$$c = q_2 \cdot b = q_2 \cdot (q_1 \cdot a) = (q_2 \cdot q_1) \cdot a = q \cdot a,$$

wobei $q = q_1 \cdot q_2 \in \mathbb{Z}$ stets existiert, da $\mathbb{Z}$ bezüglich der Multiplikation abgeschlossen ist. Folglich gilt auch $a \mid c$. ◀

Die Teilerrelation wird in $\mathbb{Z}$ definiert. Dahinter steht einerseits, dass Aussagen in der Mathematik üblicherweise einen möglichst weiten Gültigkeitsbereich haben sollen. Es sind aber auch pragmatische Aspekte leitend: $\mathbb{N}$ ist bezüglich der Addition und Multiplikation abgeschlossen, $\mathbb{Z}$ darüber hinaus auch bezüglich der Subtraktion. Dies bedeutet: Für a, $b \in \mathbb{Z}$ ist stets auch $a \pm b \in \mathbb{Z}$ und $a \cdot b \in \mathbb{Z}$. Deshalb lassen sich in $\mathbb{Z}$ manche Beweise einfacher führen als in $\mathbb{N}$, weil eine Differenz in $\mathbb{Z}$ keine Fallunterscheidung bezüglich des Vorzeichens erfordert.

Die Teilerrelation kann aber problemlos auf $\mathbb{N}$ eingeschränkt werden: Wenn a, $b \in \mathbb{N}$, dann ist in $b = q \cdot a$ auch $q \in \mathbb{N}$, wie eine Betrachtung der Vorzeichen ergibt.

Da die Teilerrelation in $\mathbb{Z}$ definiert ist, schließt dies die Division durch 0 mit ein. Aus Definition 1.1 folgt zunächst, dass $a \mid 0$ für $a \in \mathbb{Z}$, da $0 = 0 \cdot a$ für $a \in \mathbb{Z}$. Es gilt also insbesondere $0 \mid 0$, da $0 = 0 \cdot 0$, auch wenn die Division $0 : 0$ nicht definiert ist und auf der Grundlage von Verteil- oder Aufteilhandlungen nicht sinnvoll erklärt werden kann. Weiter gilt $0 \nmid a$ für $a \in \mathbb{Z}\backslash\{0\}$, da es kein $q \in \mathbb{Z}$ gibt, sodass $a = q \cdot 0$.

Um das Arbeiten mit Beträgen zu vermeiden, wird Satz 1.2 in $\mathbb{N}$ formuliert.

Satz 1.2 Für a, $b \in \mathbb{N}$ gilt:

(1) Wenn $a \mid b$, dann $1 \leq a \leq b$.

(2) Wenn $a \mid b$ und $b \mid a$, dann gilt $a = b$. (Antisymmetrie)

Beweis: (1) Wegen $a \mid b$ existiert ein $q \in \mathbb{N}$ mit $b = q \cdot a$. Da $a, \ q \in \mathbb{N}$, gilt $1 \leq a$ und $1 \leq q$. Daraus folgt die Abschätzung $1 \leq a = 1 \cdot a \leq q \cdot a = b$.

(2) Wegen $a \mid b$ existiert ein $q_1 \in \mathbb{N}$ mit $b = q_1 \cdot a$ und wegen $b \mid a$ existiert ein $q_2 \in \mathbb{N}$ mit $a = q_2 \cdot b$. Daraus erhält man $b = q_1 \cdot a = q_1 \cdot (q_2 \cdot b) = (q_1 \cdot q_2) \cdot b$, folglich $q_1 \cdot q_2 = 1$ und weiter $q_1 = q_2 = 1$, also $a = b$. ◀

Zu Beginn wurde die Teilerrelation als Beziehung zwischen zwei ganzen Zahlen betrachtet. Im Folgenden richtet sich der Blick nun verstärkt darauf, wie viele und welche Teiler eine Zahl besitzt.

Nach Satz 1.1 (1) und (2) besitzt $a \in \mathbb{N}$ stets die beiden Teiler 1 und a. Von Interesse sind deshalb die weiteren Teiler von a, was folgende begriffliche Abgrenzung motiviert:

Definition 1.2 Für $a \in \mathbb{N}$ heißen 1 und a die *trivialen Teiler* von a. Teiler, die keine trivialen Teiler sind, heißen *echte Teiler*.

Es gibt Zahlen, die nur die beiden trivialen Teiler besitzen, wie 2, 3 oder 5, was später den Begriff Primzahl begründet (Definition 4.1). Es gibt aber auch Zahlen, die echte Teiler besitzen und damit mehr als zwei Teiler.

Definition 1.3 Für $a \in \mathbb{N}$ heißt die Menge $T(a) := \{n \in \mathbb{N} : n \mid a\}$ die *Teilermenge* von a. Die Mächtigkeit der Teilermenge $|T(a)|$ heißt die *Teileranzahl* von a.

Nach Satz 1.2 (1) gilt die Abschätzung $|T(a)| \leq a$, wobei $|T(1)| = 1$ und $|T(2)| = 2$ sowie $|T(a)| < a$ für $a \geq 3$. Später, auf der Basis der Primfaktorzerlegung, kann $|T(a)|$ auch berechnet werden (Satz 5.3).

Gilt $a \mid b$, dann ist q im Sinne von Definition 1.1 ebenfalls ein Teiler von b und in $\mathbb{N}$ eindeutig bestimmt (wegen $0 \mid 0$ allerdings nicht in $\mathbb{Z}$). Dies liefert den Anlass für folgende Definition:

Definition 1.4 Für $a, \ b \in \mathbb{N}$ mit $b = q \cdot a$ heißt $q \in \mathbb{N}$ der *Komplementärteiler* zu a bezüglich b.

T(144)	
1	144
2	72
3	48
4	36
6	24
8	18
9	16
12	12

T(315)	
1	315
3	105
5	63
7	45
9	35
15	21

Abb. 1.1 Paarweise Notation von Teiler und Komplementärteiler

So ist 9 der Komplementärteiler zu 5 bezüglich 45 und 6 der Komplementärteiler zu 6 bezüglich 36.

Man kann alle Teiler einer Zahl systematisch angeben, indem man zu jedem Teiler stets auch den Komplementärteiler notiert (Abb. 1.1). Die paarweise Darstellung von Teiler und Komplementärteiler von 144 und 315 lässt vermuten: Wenn $a \in \mathbb{N}$ eine Quadratzahl ist, dann ist die Teileranzahl ungerade, sonst gerade. Satz 5.3 bestätigt diese Überlegung später auf der Basis der Primfaktorzerlegung.

Die Teilerbeziehungen innerhalb der Teilermenge einer natürlichen Zahl lassen sich auch grafisch darstellen, indem die Relation „... ist Teiler von ..." jeweils durch einen Pfeil ausgedrückt wird (Abb. 1.2).

Um die Diagramme übersichtlicher zu gestalten, nimmt man mehrere Vereinfachungen vor, ohne Informationen zu verlieren: Da stets $a \mid a$, sind die Ringpfeile unnötig. Aufgrund der Transitivität der Teilerrelation nach Satz 1.1 (3) zeichnet man die Pfeile zu den „nächsten" Teilern ein und verzichtet auf alle weiteren Pfeile. Schließlich vereinbart man, dass die Teilerrelation immer von unten nach oben weist, und lässt deshalb die Pfeilspitzen weg (Abb. 1.3). Eine solche Darstellung wird auch als *Hasse-Diagramm* bezeichnet.

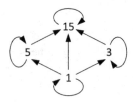

Abb. 1.2 Teilerbeziehungen in $T(15)$

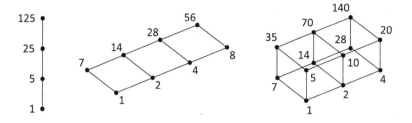

Abb. 1.3 Hasse-Diagramme von 125, 56 und 140

Entsprechend der Relation „… ist Teiler von …" lässt sich auch die Relation „… ist Vielfaches von …" festlegen, in Analogie zu den Definitionen 1.1 und 1.3.

Definition 1.5 Für $a, b \in \mathbb{Z}$ heißt b ein *Vielfaches* von a, wenn eine Zahl $q \in \mathbb{Z}$ existiert, sodass $b = q \cdot a$. Für $a \in \mathbb{N}$ heißt die Menge $V(a) = \{n \in \mathbb{N} : a \mid n\}$ die *Vielfachenmenge* von a.

Wenn b ein Vielfaches von a ist, dann ist a ein Teiler von b, und umgekehrt. Die Eigenschaften folgen deshalb unmittelbar aus jenen der Teilerrelation. Aufgrund der Definition in $\mathbb{Z}$ gilt: Für $a \in \mathbb{Z}$ ist 0 ein Vielfaches von a wegen $0 = 0 \cdot a$. Bei der Vielfachenmenge hingegen betrachtet man nur die positiven Vielfachen natürlicher Zahlen, zum Beispiel $V(7) = \{7, 14, 21, \ldots\}$.

Satz 1.3 hält abschließend weitere Eigenschaften der Teilerrelation fest, die im Folgenden bei Beweisen benötigt werden.

Satz 1.3 Für $a, b, c, d \in \mathbb{Z}$ gilt:

(1) Wenn $a \mid b$ und $a \mid c$, dann $a \mid b \pm c$.
(2) Wenn $a \mid b$, dann $a \mid c \cdot b$.
(3) Wenn $a \mid b$ und $c \mid d$, dann $a \cdot c \mid b \cdot d$.

Beweis: (1) Wegen $a \mid b$ und $a \mid c$ existieren $q_1, q_2 \in \mathbb{Z}$ mit $b = q_1 \cdot a$ und $c = q_2 \cdot a$. Es gilt

$$b \pm c = q_1 \cdot a \pm q_2 \cdot a = (q_1 \pm q_2) \cdot a = q \cdot a \text{ mit } q = q_1 \pm q_2 \in \mathbb{Z},$$

da $\mathbb{Z}$ bezüglich der Addition und Subtraktion abgeschlossen ist. Deshalb folgt $a \mid b \pm c$.

(2) Wegen $a \mid b$ existiert ein $q_1 \in \mathbb{Z}$ mit $b = q_1 \cdot a$. Es gilt

$$c \cdot b = c \cdot (q_1 \cdot a) = (c \cdot q_1) \cdot a = q \cdot a \text{ mit } q = c \cdot q_1 \in \mathbb{Z}.$$

Deshalb folgt $a \mid c \cdot b$.

(3) Wegen $a \mid b$ und $c \mid d$ existieren $q_1, q_2 \in \mathbb{Z}$ mit $b = q_1 \cdot a$ und $d = q_2 \cdot c$. Es folgt

$$b \cdot d = (q_1 \cdot a) \cdot (q_2 \cdot c) = (q_1 \cdot q_2) \cdot (a \cdot c) = q \cdot (a \cdot c) \text{ mit } q = q_1 \cdot q_2 \in \mathbb{Z}.$$

Demnach gilt $a \cdot c \mid b \cdot d$. ◄

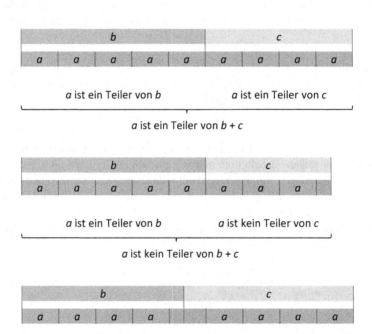

Abb. 1.4 Veranschaulichung von Satz 1.3

Satz 1.3 (1) bedeutet: Wenn a zwei der drei Zahlen b, c, $b \pm c$ teilt, dann auch die dritte. Hieraus folgt weiter: Wenn a eine der drei Zahlen b, c, $b \pm c$ nicht teilt, dann auch mindestens eine weitere nicht – denn sonst würde a zwei der drei Zahlen teilen und damit alle drei. Es kann also nicht sein, dass a ein Teiler von nur zwei der drei Zahlen b, c, $b \pm c$ ist (Abb. 1.4 oben und Mitte). Diese Argumentation wird mehrfach bei Beweisen verwendet (so zu den Sätzen 2.1 bis 2.3). Um einer naheliegenden Fehldeutung vorzubeugen: Auch wenn a kein Teiler von b und c ist, kann a ein Teiler von $b \pm c$ sein (Abb. 1.4 unten), muss es aber nicht sein.

Teilbarkeitsregeln 2

Grundlage der Teilbarkeitsregeln ist die eindeutige Darstellung einer natürlichen Zahl im dezimalen Stellenwertsystem, die hier am Beispiel von 60 852 aufgezeigt wird:

$$60\,852 = 6 \cdot 10^4 + 0 \cdot 10^3 + 8 \cdot 10^2 + 5 \cdot 10 + 2$$

Allgemein ist für $n \in \mathbb{N}$ stets eine eindeutige Darstellung als Summe aus Vielfachen von Zehnerpotenzen möglich, die im Folgenden durchgängig verwendet wird:

$$n = a_k \cdot 10^k + a_{k-1} \cdot 10^{k-1} + \ldots + a_2 \cdot 10^2 + a_1 \cdot 10^1 + a_0 \cdot 10^0$$
$$= \sum_{i=0}^{k} a_i \cdot 10^i$$

mit $0 \leq a_i \leq 9$ für $i = 0, \ldots, k$. Die Koeffizienten a_i entsprechen den Ziffern, mit denen n im dezimalen Stellenwertsystem geschrieben wird.

Da die Teilbarkeitsregeln auf der Darstellung im dezimalen Stellenwertsystem beruhen, gelten sie nur dort. Zwar gibt es in anderen Stellenwertsystemen ebenfalls Teilbarkeitsregeln, jedoch für jeweils andere Teiler, abhängig von der Basis des Stellenwertsystems (Padberg und Büchter 2018, S. 147–171).

Grundprinzip aller Teilbarkeitsregeln ist das Aufsplitten von n in einen ersten Summanden, der ein Vielfaches des zu prüfenden Teilers ist, und einen zweiten Summanden, der dann über die Teilbarkeit entscheidet (und an dem man diese leicht erkennt).

Für die Endstellenregeln zeigt ein Beispiel die dahinter stehende Idee: Ob 4 ein Teiler von 60 852 ist, prüft man anhand der Zerlegung 60 852 = 60 800 + 52. Da der erste Summand 60 800 ein Vielfaches von 100 und damit von 4 ist,

© Der/die Herausgeber bzw. der/die Autor(en), exklusiv lizenziert durch Springer Fachmedien Wiesbaden GmbH, ein Teil von Springer Nature 2020
G. Wittmann, *Grundbegriffe der elementaren Zahlentheorie*, essentials, https://doi.org/10.1007/978-3-658-31756-0_2

entscheidet der zweite Summand 52, die aus den letzten beiden Ziffern gebildete Zahl, über die Teilbarkeit der Summe durch 4.

Satz 2.1 (Endstellenregeln) Eine Zahl $n \in \mathbb{N}$ ist genau dann

- durch 2 teilbar, wenn a_0 durch 2 teilbar ist.
- durch 5 teilbar, wenn a_0 durch 5 teilbar ist.
- durch 4 teilbar, wenn die aus den letzten beiden Ziffern gebildete Zahl $a_1 \cdot 10 + a_0$ durch 4 teilbar ist.
- durch 25 teilbar, wenn die aus den letzten beiden Ziffern gebildete Zahl $a_1 \cdot 10 + a_0$ durch 25 teilbar ist.
- durch 8 teilbar, wenn die aus den letzten drei Ziffern gebildete Zahl $a_2 \cdot 10^2 + a_1 \cdot 10 + a_0$ durch 8 teilbar ist.

Der **Beweis** erfolgt exemplarisch für die Regel zur Teilbarkeit durch 4. Da $10^2, \ldots, 10^{k-1}, 10^k$ Vielfache von 4 sind, gilt dies nach Satz 1.3 (1) und (2) auch für $a_k \cdot 10^k + a_{k-1} \cdot 10^{k-1} + \ldots + a_2 \cdot 10^2$. Nun betrachtet man die Darstellung von n im dezimalen Stellenwertsystem:

$$n = \underbrace{a_k \cdot 10^k + a_{k-1} \cdot 10^{k-1} + \ldots + a_2 \cdot 10^2}_{\text{Vielfaches von 4}} + a_1 \cdot 10 + a_0$$

Nach Satz 1.3 (1) gilt: $4 \mid n$ genau dann, wenn $4 \mid a_1 \cdot 10 + a_0$, wobei $a_1 \cdot 10 + a_0$ die aus den letzten beiden Ziffern gebildete Zahl ist. ◄

Später, auf der Basis der Primfaktorzerlegung für die Zehnerpotenzen, kann eine allgemeine Endstellenregel angegeben werden (Satz 5.4).

Als Basis weiterer Teilbarkeitsregeln verwendet man die *Quersumme* von $n \in \mathbb{N}$:

$$Q(n) = a_k + a_{k-1} + \ldots + a_3 + a_2 + a_1 + a_0 = \sum_{i=0}^{k} a_i$$

Das folgende Zahlenbeispiel zeigt schon die Beweisidee. Den Ausgangspunkt bilden jene Zahlen, die nur mit der Ziffer 9 dargestellt werden:

$$9 = 1 \cdot 9, \text{ d. h. } 3 \mid 10^1 - 1 \text{ und } 9 \mid 10^1 - 1$$

$$99 = 11 \cdot 9, \text{ d. h. } 3 \mid 10^2 - 1 \text{ und } 9 \mid 10^2 - 1$$

$$999 = 111 \cdot 9, \text{ d. h. } 3 \mid 10^3 - 1 \text{ und } 9 \mid 10^3 - 1$$

$$9\,999 = 1111 \cdot 9, \text{ d. h. } 3 \mid 10^4 - 1 \text{ und } 9 \mid 10^4 - 1$$

Diese Eigenschaft, dass 9, 99, 999, 9 999, ... jeweils ein Vielfaches von 3 bzw. 9 ist, nutzt man aus und zerlegt 60 852 entsprechend:

$$60\,852 = 6 \cdot 10\,000 + 8 \cdot 100 + 5 \cdot 10 + 2$$
$$= 6 \cdot (9\,999 + 1) + 8 \cdot (99 + 1) + 5 \cdot (9 + 1) + 2$$
$$= \underbrace{6 \cdot 9\,999 + 8 \cdot 99 + 5 \cdot 9}_{\text{Vielfaches von 3 bzw .9}} + \underbrace{6 + 8 + 5 + 2}_{Q(60\,852)}$$

Da $Q(60\,852) = 21$ durch 3, jedoch nicht durch 9 teilbar ist, folgt nach Satz 1.3 (1), dass auch 60 852 durch 3, jedoch nicht durch 9 teilbar ist.

Satz 2.2 (Quersummenregeln) Eine Zahl $n \in \mathbb{N}$ ist genau dann

- durch 3 teilbar, wenn ihre Quersumme durch 3 teilbar ist.
- durch 9 teilbar, wenn ihre Quersumme durch 9 teilbar ist.

Beweis: Wie oben gezeigt, ist 9, 99, 999, 9 999, ... jeweils ein Vielfaches von 3 bzw. 9, oder allgemeiner formuliert, ist $10^i - 1$ für $i \in \mathbb{N}$ ein Vielfaches von 3 bzw. 9. Die Darstellung von n im dezimalen Stellenwertsystem wird nun umgeformt in eine Summe aus einem Vielfachen von 3 bzw. 9 und $Q(n)$:

$$n = a_k \cdot 10^k + a_{k-1} \cdot 10^{k-1} + \ldots + a_2 \cdot 10^2 + a_1 \cdot 10 + a_0$$
$$= a_k \cdot \left(10^k - 1\right) + a_k + a_{k-1} \cdot \left(10^{k-1} - 1\right) + a_{k-1} + \ldots$$
$$\qquad + a_2 \cdot 99 + a_2 + a_1 \cdot 9 + a_1 + a_0$$
$$= \underbrace{a_k \cdot \left(10^k - 1\right) + a_{k-1} \cdot \left(10^{k-1} - 1\right) + \ldots + a_2 \cdot 99 + a_1 \cdot 9}_{\text{Vielfaches von 3 bzw. 9}}$$
$$\qquad + \underbrace{a_k + a_{k-1} + \ldots + a_2 + a_1 + a_0}_{Q(n)}$$

Nach Satz 1.3 (1) gilt: $3 \mid n$ genau dann, wenn $3 \mid Q(n)$, und $9 \mid n$ genau dann, wenn $9 \mid Q(n)$. ◀

Für die *alternierende Quersumme* von n werden die Koeffizienten a_i der Darstellung von n im dezimalen Stellenwertsystem jeweils abwechselnd addiert und subtrahiert:

$$Q'(n) = (-1)^k a_k + (-1)^{k-1} \cdot a_{k-1} + \ldots - a_3 + a_2 - a_1 + a_0 = \sum_{i=0}^{k} (-1)^i a_i.$$

Auch hier zeigt ein Zahlenbeispiel die Beweisidee. Man konstruiert zunächst Vielfache von 11, die jeweils um 1 kleiner oder größer als eine Zehnerpotenz sind:

$$0 = 0 \cdot 11, \text{ d. h. } 11 \mid 10^0 - 1$$

$$99 = 9 \cdot 11, \text{ d. h. } 11 \mid 10^2 - 1$$

$$9\,999 = 909 \cdot 11, \text{ d. h. } 11 \mid 10^4 - 1$$

$$999\,999 = 90\,909 \cdot 11, \text{ d. h. } 11 \mid 10^6 - 1$$

$$11 = 1 \cdot 11, \text{ d. h. } 11 \mid 10^1 + 1$$

$$1001 = 91 \cdot 11, \text{ d. h. } 11 \mid 10^3 + 1$$

$$100\,001 = 9\,091 \cdot 11, \text{ d. h. } 11 \mid 10^5 + 1$$

$$10\,000\,001 = 909\,091 \cdot 11, \text{ d. h. } 11 \mid 10^7 + 1$$

Die zu prüfende Zahl 865 472 zerlegt man dementsprechend:

$$865\,472 = 8 \cdot 100\,000 + 6 \cdot 10\,000 + 5 \cdot 1\,000 + 4 \cdot 100 + 7 \cdot 10 + 2$$

$$= 8 \cdot (100\,001 - 1) + 6 \cdot (9\,999 + 1) + 5 \cdot (1\,001 - 1)$$

$$+ 4 \cdot (99 + 1) + 7 \cdot (11 - 1) + 2$$

$$= \underbrace{8 \cdot 100\,001 + 6 \cdot 9\,999 + 5 \cdot 1\,001 + 4 \cdot 99 + 7 \cdot 11}_{\text{Vielfaches von 11}}$$

$$+ \underbrace{(-8 + 6 - 5 + 4 - 7 + 2)}_{Q'(865\,472)}$$

Da $Q'(865\,472) = -8$, ist $Q'(865\,472)$ nicht durch 11 teilbar und nach Satz 1.3 (1) auch 865 472 nicht. Hingegen sind 809 072 oder 165 836 durch 11 teilbar. (Diese Beispiele bestätigen am Rande, dass es hilfreich ist, die Teilerrelation in $\mathbb{Z}$ und nicht nur in $\mathbb{N}$ zu definieren.)

Satz 2.3 (Alternierende Quersummenregel) Eine Zahl $n \in \mathbb{N}$ ist genau dann durch 11 teilbar, wenn ihre alternierende Quersumme durch 11 teilbar ist.

Beweis: Die Vielfachen von 11, die jeweils um 1 kleiner oder größer als eine Zehnerpotenz sind, lassen sich in Verallgemeinerung obigen Beispiels so darstellen:

$$11 \mid 10^i - (-1)^i \text{ für } i \in \mathbb{N}_0, \text{ denn } \begin{cases} 11 \mid 10^i - 1 \text{ für } i = 0, \ 2, \ 4, \ 6, \dots \\ 11 \mid 10^i + 1 \text{ für } i = 1, \ 3, \ 5, \ \dots \end{cases}$$

Nach Satz 1.3 (1) und (2) gilt weiter $11 \mid a_i \cdot \left(10^i - (-1)^i\right)$ für $i \in \mathbb{N}_0$. Die Darstellung von n im dezimalen Stellenwertsystem wird umgeformt in eine Summe aus einem Vielfachen von 11 und $Q'(n)$:

$$n = \sum_{i=0}^{k} a_i \cdot 10^i = \sum_{i=0}^{k} a_i \cdot \left(10^i - (-1)^i + (-1)^i\right)$$

$$= \underbrace{\sum_{i=0}^{k} a_i \cdot \left(10^i - (-1)^i\right)}_{\text{Vielfaches von 11}} + \underbrace{\sum_{i=0}^{k} a_i \cdot (-1)^i}_{Q'(n)}$$

Nach Satz 1.3 (1) gilt: $11 \mid n$ genau dann, wenn $11 \mid Q'(n)$. ◄

Sowohl die Quersummenregel als auch die alternierende Quersummenregel lassen sich später mittels der Kongruenz modulo m wesentlich eleganter beweisen (Sätze 6.4 und 6.5).

Gemeinsame Teiler und Vielfache   3

Bislang wurden Teiler und Vielfache einer natürlichen Zahl betrachtet. Im Folgenden wird nach den gemeinsamen Teilern und Vielfachen zweier natürlicher Zahlen gefragt.

Definition 3.1 Für $a, b \in \mathbb{N}$ heißt

- jedes Element von $T(a) \cap T(b)$ ein *gemeinsamer Teiler* von a und b;
- jedes Element von $V(a) \cap V(b)$ ein *gemeinsames Vielfaches* von a und b.

Wegen $1 \in T(a) \cap T(b)$ für $a, b \in \mathbb{N}$ ist diese Schnittmenge nicht leer. Zudem besitzt sie ein größtes Element, da nach Satz 1.2 (1) sowohl $|T(a)|$ als auch $|T(b)|$ endlich sind.

Wegen $a \cdot b \in V(a) \cap V(b)$ für $a, b \in \mathbb{N}$ ist auch diese Schnittmenge nicht leer und besitzt damit ein kleinstes Element, denn jede nichtleere Teilmenge von $\mathbb{N}$ besitzt ein kleinstes Element (Reiss und Schmieder 2017, S. 21–24; Remmert und Ullrich 2008, S. 18).

Damit erweist sich folgende Definition als sinnvoll:

Definition 3.2 Für $a, b \in \mathbb{N}$ heißt

- das größte Element von $T(a) \cap T(b)$ der *größte gemeinsame Teiler* von a und b;

© Der/die Herausgeber bzw. der/die Autor(en), exklusiv lizenziert durch Springer Fachmedien Wiesbaden GmbH, ein Teil von Springer Nature 2020
G. Wittmann, *Grundbegriffe der elementaren Zahlentheorie*, essentials, https://doi.org/10.1007/978-3-658-31756-0_3

- das kleinste Element von $V(a) \cap V(b)$ das *kleinste gemeinsame Vielfache* von a und b.

Der größte gemeinsame Teiler von a und b wird kurz als $\mathrm{ggT}(a, b)$ geschrieben und das kleinste gemeinsame Vielfache von a und b als $\mathrm{kgV}(a, b)$.

Zwei Zahlen haben stets den trivialen Teiler 1 gemeinsam. Die Situation, dass sie keine weiteren gemeinsamen Teiler besitzen, motiviert nachfolgende Definition.

Definition 3.3 Zwei Zahlen $a, b \in \mathbb{N}$ heißen *teilerfremd,* wenn $T(a) \cap T(b) = \{1\}$.

Zwei Zahlen können aber auch zwei oder mehr gemeinsame Teiler haben. So ergeben sich für 56 und 196 die Teilermengen $T(56) = \{1, 2, 4, 7, 8, 14, 28, 56\}$ und $T(196) = \{1, 2, 4, 7, 14, 28, 49, 98, 196\}$, woraus man durch einen Vergleich $\mathrm{ggT}(56, 196) = 28$ erhält.

Gilt insbesondere $a \mid b$, so folgt $\mathrm{ggT}(a, b) = a$.

Von Interesse ist im Folgenden die Frage, wie $\mathrm{ggT}(a, b)$ bestimmt werden kann. Anknüpfend an Definition 3.2 ist dies dadurch möglich, dass man $T(a)$ und $T(b)$ notiert, um das größte gemeinsame Element zu suchen. In strukturierter Form kann dies auch unter Einsatz eines Hasse-Diagramms geschehen (Abb. 3.1).

Ein effektives Verfahren zur Ermittlung von $\mathrm{ggT}(a, b)$ ist der *Euklidische Algorithmus.* Mit Satz 3.1 und 3.2 werden wesentliche Grundlagen bereitgestellt, bevor dann in Satz 3.3 das eigentliche Verfahren begründet wird.

Abb. 3.1 Gemeinsame Teiler von 56 und 196, veranschaulicht im Hasse-Diagramm

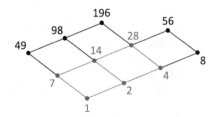

Der Euklidische Algorithmus basiert auf der multiplikativen Darstellung der Division mit Rest: Die Division $25 : 7$ „geht nicht auf", es bleibt ein Rest, und man erhält die Darstellung $25 = 3 \cdot 7 + 4$. Dieses Beispiel illustriert schon, dass bei einem vollständigen Aufteilen oder Verteilen der Rest stets kleiner als der Divisor ist, denn andernfalls könnte man eine weitere Aufteil- oder Verteilrunde durchführen. Lässt man auch negative Dividenden zu, ist dies völlig unproblematisch, wenn wie im Beispiel $(-30) : 5$ der Rest 0 bleibt, weil dann die Darstellung $-30 = (-6) \cdot 5$ möglich ist. Anders hingegen für $(-31) : 5$, da hier die beiden Zerlegungen $-31 = (-6) \cdot 5 + (-1)$ und $-31 = (-7) \cdot 5 + 4$ naheliegend sind. Man entscheidet sich für die letztere der beiden, um eine eindeutige Darstellung zu erreichen und negative Reste zu vermeiden.

Satz 3.1 (Division mit Rest) Für $a \in \mathbb{Z}$ und $b \in \mathbb{N}$ gibt es stets eine eindeutige Darstellung der Form $a = q \cdot b + r$ mit $q \in \mathbb{Z}$ und $r \in \mathbb{N}_0$ sowie $0 \leq r < b$.

Beweis: Der Satz umfasst eine Existenz- und eine Eindeutigkeitsaussage, die nacheinander bewiesen werden.

Zunächst wird die Existenz einer solchen Darstellung gezeigt. Hierzu betrachtet man alle Zahlen der Form $a - z \cdot b$ mit $z \in \mathbb{Z}$, sofern sie in $\mathbb{N}_0$ liegen. Die Menge dieser Zahlen ist nicht leer: Für $a \geq 0$ enthält sie immer a. Für $a < 0$ enthält sie stets $a - ab = a \cdot (1 - b)$; denn aus $b \in \mathbb{N}$ folgt $1 - b \leq 0$ und deshalb $a \cdot (1 - b) \geq 0$. Sie besitzt als nichtleere Teilmenge von $\mathbb{N}_0$ ein kleinstes Element. Man bezeichnet es mit r und gewinnt q mittels $r = a - q \cdot b$ sowie daraus durch Umformung die Darstellung $a = q \cdot b + r$. Es gilt $r < b$, da für $r \geq b$ die Zahl $a - (q + 1) \cdot b = a - q \cdot b - b = r - b \geq 0$ ebenfalls in obiger Menge enthalten, aber kleiner als r wäre.

Im zweiten Schritt wird die Eindeutigkeit bewiesen. Angenommen, es sind $a = q_1 \cdot b + r_1$ und $a = q_2 \cdot b + r_2$ mit $q_1, q_2 \in \mathbb{Z}$ und $r_1, r_2 \in \mathbb{N}_0$ zwei Darstellungen von a und b als Division mit Rest. Hieraus erhält man:

$$(q_1 - q_2) \cdot b = r_2 - r_1$$

Man kann ohne Beschränkung der Allgemeinheit $r_2 \geq r_1$ oder $r_2 - r_1 \geq 0$ annehmen (andernfalls ändert man einfach die Bezeichnungen). Aufgrund von $0 \leq r_1, r_2 < b$ gilt $0 \leq r_2 - r_1 < b$. Damit erhält man:

$$0 \leq (q_1 - q_2) \cdot b = r_2 - r_1 < b$$

Hieraus folgt $0 \leq q_1 - q_2 < 1$ und wegen q_1, $q_2 \in \mathbb{Z}$ weiter $q_1 - q_2 = 0$ oder $q_1 = q_2$ sowie $r_2 - r_1 = 0$ oder $r_1 = r_2$. Die beiden Darstellungen $a = q_1 \cdot b + r_1$ und $a = q_2 \cdot b + r_2$ sind also identisch, womit die Eindeutigkeit der Division mit Rest gezeigt ist. ◀

Gilt $a \in \mathbb{N}$, dann ist in der Gleichung $a = q \cdot b + r$ wegen $0 \leq r < b$ auch $q \cdot b \geq 0$ und deshalb $q \in \mathbb{N}_0$. Für den Euklidischen Algorithmus (Satz 3.3) wird nur die Existenz einer Darstellung als Division mit Rest für $a \in \mathbb{N}$ verwendet; die Existenz für $a \in \mathbb{Z}$ und die Eindeutigkeit werden erst später im Zuge der Kongruenz modulo m benötigt (Definition 6.1).

Für a, $b \in \mathbb{Z}$ ist nach Definition 1.1 die Existenz einer Darstellung der Form $a = q \cdot b$ gleichbedeutend mit $b \mid a$. Dieser Fall ist in Satz 3.1 mit $r = 0$ enthalten. Die Division mit Rest fasst damit die beiden Fälle $b \mid a$ und $b \nmid a$ vereinheitlichend zusammen.

Der nächste Satz besagt, dass die Division mit Rest zwei Zahlenpaare erzeugt, die denselben ggT besitzen.

Satz 3.2 Für a, $b \in \mathbb{N}$, die eine Darstellung der Form $a = q \cdot b + r$ mit q, $r \in \mathbb{N}_0$ und $r < b$ besitzen, gilt $\mathrm{ggT}(a, b) = \mathrm{ggT}(b, r)$.

Beweis: Es werden zwei Teilaussagen (1) und (2) gezeigt.

(1) Jeder gemeinsame Teiler von a und b ist auch ein Teiler von r. Dies sieht man so: Wenn für $t \in \mathbb{N}$ gilt $t \mid a$ und $t \mid b$, dann folgt daraus $t \mid q \cdot b$ und weiter wegen $r = a - q \cdot b$ auch $t \mid r$, nach Satz 1.3 (1) und (2).

(2) Jeder gemeinsame Teiler von b und r ist auch ein Teiler von a. Diesbezüglich argumentiert man analog: Wenn für $t \in \mathbb{N}$ gilt $t \mid b$ und $t \mid r$, dann folgt daraus $t \mid q \cdot b$ und weiter wegen $a = q \cdot b + r$ auch $t \mid a$, nach Satz 1.3 (1) und (2).

Beide Teilaussagen zusammen bedeuten: Die Zahlenpaare a und b einerseits sowie b und r andererseits besitzen dieselben Teiler. Insbesondere ist dann auch $\mathrm{ggT}(a, b) = \mathrm{ggT}(b, r)$. ◀

Satz 3.2 lässt sich grafisch durch Mengendiagramme veranschaulichen (Abb. 3.2): Wenn ein Element in $T(a) \cap T(b)$ liegt, dann auch in $T(r)$; und wenn ein Element in $T(b) \cap T(r)$ liegt, dann auch in $T(a)$. Anders formuliert: Es gibt keinen gemeinsamen Teiler von a und b, der nicht auch r teilt; und es gibt keinen gemeinsamen Teiler von b und r, der nicht auch a teilt.

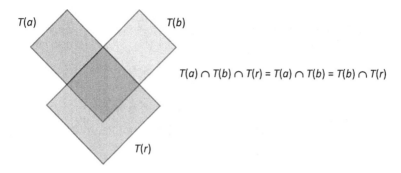

$$T(a) \cap T(b) \cap T(r) = T(a) \cap T(b) = T(b) \cap T(r)$$

Abb. 3.2 Veranschaulichung von Satz 3.2 durch Mengendiagramme

Der Euklidische Algorithmus wird zunächst am Beispiel von ggT(1404, 441) vorgeführt. Man sucht eine Darstellung für 1404 und 441 entsprechend der Division mit Rest, macht das Gleiche mit 441 und 81 sowie mit 81 und 36, bis die Darstellung für 36 und 9 den Rest 0 ergibt und das Verfahren abbricht.

$$1404 = 3 \cdot 441 + 81$$
$$441 = 5 \cdot 81 + 36$$
$$81 = 2 \cdot 36 + 9$$
$$36 = 4 \cdot 9$$

Hieraus liest man ab:

$$ggT(1404, 441) = ggT(441, 81) = ggT(81, 36) = ggT(36, 9) = 9$$

nach Satz 3.2. Das Verfahren liefert also sukzessive Zahlenpaare (jeweils farbig unterlegt), die denselben ggT besitzen, aber immer kleiner werden, bis letztlich ein Zahlenpaar übrig bleibt, bei dem man den ggT sofort sieht, weil die größere Zahl ein Vielfaches der kleineren Zahl ist. Entsprechend der Division mit Rest ist eine derartige Vorgehensweise immer möglich. In Satz 3.3 wird zudem geklärt, dass das Verfahren auch stets endet, indem es eine Zeile mit dem Rest 0 gibt.

Satz 3.3 (Euklidischer Algorithmus) Für a, $b \in \mathbb{N}$ mit $a > b$ und $b \nmid a$ gibt es eine endliche Folge natürlicher Zahlen r_1, r_2, $\ldots$, r_n so, dass gilt:

$$a = q_1 \cdot b + r_1 \qquad \text{mit } 0 < r_1 < b$$
$$b = q_2 \cdot r_1 + r_2 \qquad \text{mit } 0 < r_2 < r_1$$
$$r_1 = q_3 \cdot r_2 + r_3 \qquad \text{mit } 0 < r_3 < r_2$$
$$r_2 = q_4 \cdot r_3 + r \qquad \text{mit } 0 < r_4 < r_3$$
$$\vdots \qquad\qquad \vdots$$
$$r_{n-2} = q_n \cdot r_{n-1} + r_n \qquad \text{mit } 0 < r_n < r_{n-1}$$
$$r_{n-1} = q_{n+1} \cdot r_n$$

Weiter gilt $\mathrm{ggT}(a, b) = r_n$.

Beweis: Der Ablauf des Verfahrens ergibt sich unmittelbar aus der wiederholten Division mit Rest entsprechend Satz 3.1. Man erhält eine Folge von Resten r_1, r_2, $\ldots, r_n \in \mathbb{N}$. Wegen $a > b$ und $b \nmid a$ bleibt bei der ersten Division stets ein Rest, und wegen $r_1 > r_2 > \ldots > r_n$ bricht die Folge nach einer endlichen Zahl von Schritten ab, da jede nichtleere Menge natürlicher Zahlen ein kleinstes Element besitzt. Weiter folgt

$$\mathrm{ggT}(a, b) = \mathrm{ggT}(b, r_1) = \mathrm{ggT}(r_1, r_2) = \mathrm{ggT}(r_2, r_3) = \ldots$$
$$= \mathrm{ggT}(r_{n-1}, r_n) = \mathrm{ggT}(r_n, 0)$$

durch die wiederholte Anwendung von Satz 3.2. Aus $\mathrm{ggT}(r_n, 0) = r_n$ erhält man schließlich $\mathrm{ggT}(a, b) = r_n$. ◀

In Satz 3.3 werden die Voraussetzungen $a > b$ und $b \nmid a$ gefordert, damit $r_1 \neq 0$ existiert und das Verfahren überhaupt beginnt. Für $a < b$ vertauscht man einfach die Bezeichnungen, und für $a = b$ gilt $\mathrm{ggT}(a, b) = a = b$. Im Fall $b|a$ erhält man $\mathrm{ggT}(a, b) = b$.

Der nachfolgende Satz 3.4 besagt: Die gemeinsamen Teiler von a und b sind genau die Teiler von $\mathrm{ggT}(a, b)$. Anders formuliert: Kennt man alle Teiler von $\mathrm{ggT}(a, b)$, kennt man auch alle gemeinsamen Teiler von a und b, und umgekehrt. Ein Beispiel: Für die beiden Zahlen 56 und 196 gilt $\mathrm{ggT}(56, 196) = 28$. Nach Satz 3.4 ist die Menge aller gemeinsamen Teiler von 56 und 196 gleich der Teilermenge von $\mathrm{ggT}(56, 196)$. Es gilt:

$$T(56) \cap T(196) = T(\mathrm{ggT}(56, 196)) = T(28) = \{1, 2, 4, 7, 14, 28\}.$$

Diese Beziehung sieht man auch im zugehörigen Hasse-Diagramm (Abb. 3.1).

Satz 3.4 Für a, $b \in \mathbb{N}$ gilt: $T(a) \cap T(b) = T(\text{ggT}(a, b))$.

Beweis: Hierzu werden zwei Teilaussagen gezeigt (wie schon im Beweis zu Satz 3.2).

(1) Zunächst ist zu zeigen, dass jeder gemeinsame Teiler von a und b auch ein Teiler von $\text{ggT}(a, b)$ ist. Dazu betrachtet man die Folge von Zerlegungen im Euklidischen Algorithmus (Satz 3.3): Wenn $t \mid a$ und $t \mid b$, dann gilt $t \mid q \cdot b$ sowie $t \mid q \cdot b + r_1$ und damit $t \mid r_1$. In gleicher Weise kann man weiter argumentieren, dass $t \mid r_2$, usw. Letztlich erhält man $t \mid r_n$ und dann wegen $r_n = \text{ggT}(a, b)$ auch $t \mid \text{ggT}(a, b)$.

(2) Dass jeder Teiler von $\text{ggT}(a, b)$ auch ein gemeinsamer Teiler von a und b ist, folgt nach Satz 3.2.

Fasst man beide Teilaussagen zusammen, gilt $T(a) \cap T(b) = T(\text{ggT}(a, b))$. ◄

Primzahlen 4

Wenn man natürliche Zahlen multiplikativ zerlegt, dann gibt es nach Satz 1.1
(1) stets eine Lösung wie $5 = 1 \cdot 5$, $7 = 1 \cdot 7$ oder $24\,593 = 1 \cdot 24\,593$. In den
genannten Fällen ist diese Zerlegung auch die einzig mögliche (aufgrund der
Kommutativität der Multiplikation werden Lösungen, die sich nur in der Reihenfolge der Faktoren unterscheiden, als identisch betrachtet). Bei anderen Zahlen
hingegen gibt es mehre Lösungen: Neben $12 = 1 \cdot 12$ auch $12 = 2 \cdot 6$ oder
$12 = 3 \cdot 4$, neben $25 = 1 \cdot 25$ auch $25 = 5 \cdot 5$.

Dieses Phänomen lässt sich auch geometrisch veranschaulichen: Bestimmte
Anzahlen quadratischer Plättchen kann man nur auf eine Weise als Recht-
eck legen, für andere Anzahlen findet man hingegen mehrere rechteckige
Anordnungen (Abb. 4.1; kongruente Figuren werden nur einmal gezählt).

Es gibt also im Hinblick auf multiplikative Zerlegungen zwei wesentlich verschiedene Arten natürlicher Zahlen, für die jeweils eine eigene Bezeichnung ein-
geführt wird.

Definition 4.1 Eine Zahl $p \in \mathbb{N} \backslash \{1\}$ heißt eine *Primzahl,* wenn sie nur
die beiden positiven Teiler 1 und p besitzt. Eine Zahl $n \in \mathbb{N}$ heißt eine
zusammengesetzte Zahl, wenn sie neben 1 und n noch weitere positive
Teiler besitzt.

Die Menge aller Primzahlen wird mit $\mathbb{P}$ bezeichnet.

Dass 1 als Primzahl ausgenommen wird, erscheint zunächst sehr willkürlich
und erschließt sich erst im nächsten Kapitel: Würde man 1 als Primzahl zulassen,
wäre die Primfaktorzerlegung nicht mehr eindeutig. Demnach ist 1 weder eine

© Der/die Herausgeber bzw. der/die Autor(en), exklusiv lizenziert durch
Springer Fachmedien Wiesbaden GmbH, ein Teil von Springer Nature 2020
G. Wittmann, *Grundbegriffe der elementaren Zahlentheorie,* essentials,
https://doi.org/10.1007/978-3-658-31756-0_4

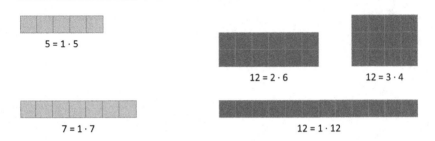

5 = 1 · 5

12 = 2 · 6   12 = 3 · 4

7 = 1 · 7   12 = 1 · 12

Abb. 4.1 Geometrische Veranschaulichung multiplikativer Zahlzerlegungen

Primzahl noch eine zusammengesetzte Zahl. 2 ist die einzige gerade Primzahl, alle anderen Primzahlen sind ungerade.

Um die Suche nach Primzahlen systematisch durchzuführen, ist das *Sieb des Eratosthenes* ein geeignetes Verfahren. Es wird zunächst am Beispiel der Primzahlen im Zahlenraum bis 100 erläutert und dann in den Sätzen 4.1 und 4.2 fundiert.

Zu Beginn werden die Zahlen von 1 bis 100 aufgeschrieben. Prinzipiell ist die Anordnung egal; das Schema in Abb. 4.2 wirkt auf den ersten Blick merkwürdig, erlaubt aber später eine interessante Erkenntnis (Satz 4.3). Nun geht man wie folgt vor:

1 wird gestrichen, weil 1 laut Definition keine Primzahl ist.

2 ist eine Primzahl. Alle Vielfachen von 2 werden gestrichen, weil sie durch 2 teilbar, also keine Primzahlen sind.

3 ist eine Primzahl. Alle Vielfachen von 3 werden gestrichen, weil sie durch 3 teilbar, also keine Primzahlen sind.

4 wurde schon gestrichen, weil 4 ein Vielfaches von 2 ist, also durch 2 teilbar. Aufgrund der Transitivität der Teilerrelation wurden mit den Vielfachen von 2 auch schon die Vielfachen von 4 gestrichen.

Auf diese Weise verfährt man immer weiter: Trifft man auf eine neue Zahl, die noch nicht gestrichen ist, so liegt eine Primzahl vor. In der Folge streicht man alle Vielfachen dieser neuen Zahl, weil sie sicher keine Primzahlen sind. Diejenigen Zahlen, die am Schluss noch nicht gestrichen sind, also im Sieb verblieben, sind Primzahlen. Wie später noch gezeigt wird (Satz 4.2), genügt es, so bis $10 = \sqrt{100}$ vorzugehen.

Bei Satz 4.1 handelt es sich um einen typischen Hilfssatz. Er wird anschließend für den Beweis von Satz 4.2 benötigt, der begründet, warum das Sieb des Eratosthenes funktioniert, später aber auch noch für den Beweis der Sätze 4.4 und 5.1.

Abb. 4.2 Sieb des Eratosthenes

~~1~~	2	3	~~4~~	5	~~6~~	7
	~~8~~	~~9~~	~~10~~	11	~~12~~	13
	~~14~~	~~15~~	~~16~~	17	~~18~~	19
	~~20~~	~~21~~	~~22~~	23	~~24~~	~~25~~
	~~26~~	~~27~~	~~28~~	29	~~30~~	31
	~~32~~	~~33~~	~~34~~	~~35~~	~~36~~	37
	~~38~~	~~39~~	~~40~~	41	~~42~~	43
	~~44~~	~~45~~	~~46~~	47	~~48~~	~~49~~
	~~50~~	~~51~~	~~52~~	53	~~54~~	~~55~~
	~~56~~	~~57~~	~~58~~	59	~~60~~	61
	~~62~~	~~63~~	~~64~~	~~65~~	~~66~~	67
	~~68~~	~~69~~	~~70~~	71	~~72~~	73
	~~74~~	~~75~~	~~76~~	~~77~~	~~78~~	79
	~~80~~	~~81~~	~~82~~	83	~~84~~	~~85~~
	~~86~~	~~87~~	~~88~~	89	~~90~~	~~91~~
	~~92~~	~~93~~	~~94~~	~~95~~	~~96~~	97
	~~98~~	~~99~~	~~100~~	101	~~102~~	103

Satz 4.1 Für eine natürliche Zahl $n \geq 2$ ist der kleinste von 1 verschiedene Teiler stets eine Primzahl.

Beweis: Hierfür unterscheidet man zwei Fälle.

(1) Wenn n eine Primzahl ist, dann hat n nur die beiden Teiler 1 und n, und n ist der kleinste von 1 verschiedene Teiler.

(2) Wenn n eine zusammengesetzte Zahl ist, dann besitzt n echte Teiler. Da jede Teilmenge von $\mathbb{N}$ ein kleinstes Element besitzt, gibt es einen kleinsten echten Teiler p. Zu zeigen ist nun noch, dass p eine Primzahl ist. Dies erfolgt durch Widerspruch. Angenommen, p ist keine Primzahl. Dann ist p eine zusammen-

gesetzte Zahl und besitzt mindestens einen echten Teiler $p' < p$. Aufgrund der Transitivität der Teilerrelation nach Satz 1.1 (3) folgt aus $p' \mid p$ und $p \mid n$, dass $p' \mid n$ und damit p' ein echter Teiler von n ist. Dies steht im Widerspruch dazu, dass p der kleinste echte Teiler von n ist. Deshalb ist p eine Primzahl. ◄

Satz 4.2 Für eine natürliche Zahl n gilt: n ist genau dann eine zusammengesetzte Zahl, wenn es eine Primzahl p gibt mit $p \leq \sqrt{n}$ und $p \mid n$.

Beweis: Der Satz beinhaltet eine Aussage der Form „... genau dann, wenn ...", die sich in zwei Implikationen (Folgerungen) aufspalten lässt, und die der Reihe nach gezeigt werden.

(1) Wenn n eine zusammengesetzte Zahl ist, dann ist nach Satz 4.1 der kleinste echte Teiler von n eine Primzahl. Diese wird mit p bezeichnet. Angenommen, $p > \sqrt{n}$. Dann ist der zu p komplementäre Teiler kleiner als $\sqrt{n}$, im Widerspruch dazu, dass p der kleinste echte Teiler von n ist. Folglich ist $p \leq \sqrt{n}$.

(2) Wenn es zu n eine Primzahl p gibt mit $p \leq \sqrt{n}$ und $p \mid n$, dann ist insbesondere $p < n$. Also hat n den echten Teiler p und ist damit eine zusammengesetzte Zahl. ◄

Satz 4.2 begründet unmittelbar die Vorgehensweise beim Sieb des Eratosthenes:

Wenn n eine zusammengesetzte Zahl ist (also keine Primzahl), dann ist sie Vielfaches einer Primzahl p mit $p \leq \sqrt{n}$ und $p \mid n$, wurde also bereits mit den Vielfachen von p gestrichen. Beispiele: 77 ist eine zusammengesetzte Zahl und wird als Vielfaches von 7 gestrichen; 87 ist eine zusammengesetzte Zahl und wird als Vielfaches von 3 gestrichen.

Wenn n eine Primzahl ist, dann gibt es keine Primzahl p mit $p \leq \sqrt{n}$ und $p \mid n$. Folglich wird n im Laufe des Verfahrens auch nicht gestrichen und bleibt als Primzahl „im Sieb hängen". 67 oder 79 beispielsweise werden nicht gestrichen, sie besitzen keine echten Teiler, sondern sind Primzahlen.

Betrachtet man nochmals obiges Schema, in dem die Zahlen von 1 bis 100 für das Sieb des Eratosthenes notiert wurden (Abb. 4.2), so finden sich Primzahlen – abgesehen von der ersten Zeile – nur in zwei Spalten: links und rechts jener Spalte, in der die Vielfachen von 6 stehen. Es besteht demnach die Vermutung, dass alle Primzahlen $p \geq 5$ von der Form $6k + 1$ oder $6k - 1$ mit $k \in \mathbb{N}$ sind. Dies wird nun formal, ohne Bezug auf obiges Schema, gezeigt.

Satz 4.3 Jede Primzahl $p \geq 5$ ist von der Form $6k + 1$ oder $6k - 1$ mit $k \in \mathbb{N}$.

Beweis: Eine natürliche Zahl ≥ 6 lässt sich nach Satz 3.1 stets in genau einer der sechs Formen schreiben, abhängig davon, welcher Rest bei der Division durch 6 bleibt:

$$6k, 6k + 1, 6k + 2, 6k + 3, 6k + 4 \text{ oder } 6k + 5, \text{ jeweils mit } k \in \mathbb{N}$$

Da $6 \mid 6k$ und da 6 eine zusammengesetzte Zahl ist, ist eine Zahl der Form $6k$ für $k \in \mathbb{N}$ keine Primzahl. Aus $2 \mid 6k$ und $2 \mid 2$ folgt $2 \mid 6k + 2$, also ist eine Zahl der Form $6k + 2$ für $k \in \mathbb{N}$ keine Primzahl. Analog sind auch Zahlen der Form $6k + 3$ und $6k + 4$ für $k \in \mathbb{N}$ keine Primzahlen. Folglich kann eine Primzahl $p > 6$ nur von der Form $6k + 1$ oder $6k + 5$ mit $k \in \mathbb{N}$ sein; nimmt man die bekannte Primzahl 5 hinzu, ist letzteres gleichbedeutend mit $6k - 1$ für $k \in \mathbb{N}$. ◀

Satz 4.3 schränkt die möglichen Kandidaten für Primzahlen ein: Die Suche nach Primzahlen ist nur dann Erfolg versprechend, wenn die Zahl von der Form $6k + 1$ oder $6k - 1$ mit $k \in \mathbb{N}$ ist. Die Umkehrung von Satz 4.3 gilt allerdings nicht, wie schon obiges Schema zeigt. Dass eine Zahl ≥ 5 die Form $6k + 1$ oder $6k - 1$ mit $k \in \mathbb{N}$ besitzt, ist eine notwendige, aber keine hinreichende Bedingung dafür, dass sie eine Primzahl ist.

Generell gibt es keine „Primzahlformeln", sondern allenfalls „heiße Spuren" für die Suche nach Primzahlen, die alle weder notwendig noch hinreichend sind, jedoch bei der Suche nach großen Primzahlen verfolgt werden (Walz 2017, Bd. 2, S. 148–149 und Bd. 3, S. 413):

- Zahlen der Form $2^n - 1$ mit $n \in \mathbb{N}$ heißen Mersenne-Zahlen; insbesondere unter Zahlen der Form $2^p - 1$ mit $p \in \mathbb{P}$ finden sich viele Primzahlen (Mersenne-Primzahlen).
- Zahlen der Form $2^{2^n} + 1$ mit $n \in \mathbb{N}_0$ heißen Fermat-Zahlen. Auch unter ihnen befinden sich viele Primzahlen (Fermat-Primzahlen).

Die beiden größten derzeit bekannten Primzahlen sind

$$2^{77\,232\,917} - 1 \text{ und } 2^{82\,589\,933} - 1,$$

also Mersenne-Primzahlen.[1] Allerdings ist die Suche nach immer größeren Primzahlen im Wesentlichen eine „Rekordjagd" ohne tieferen Sinn. Daran ändert auch nichts, dass sehr große Primzahlen im Zuge von Verschlüsselungsverfahren wie dem RSA-Algorithmus an Bedeutung gewonnen haben (Beutelspacher et al. 2010, S. 115–131; Padberg und Büchter 2018, S. 237–255; Reiss und Schmieder 2017, S. 247–260).

Die Verteilung der Primzahlen ist unregelmäßig, es lässt sich kein Prinzip erkennen (Abb. 4.3). In „höheren Regionen" treten die Primzahlen seltener auf, die Verteilung wird „dünner" (Abb. 4.4). Für sehr große $n \in \mathbb{N}$ gibt es nach dem sog. Primzahlsatz eine Näherung für die Anzahl der Primzahlen, die kleiner oder

	2	3		5		7				11		13				17		19	
		23						29		31						37			
41		43				47						53						59	
61						67				71		73						79	
		83						89								97			
101		103				107		109				113							
						127				131						137		139	
								149		151						157			
		163				167						173				179			
181										191		193				197		199	
										211									
		223				227		229				233						239	
241										251						257			
		263						269		271						277			
281		283										293							
						307				311		313				317			
										331						337			
						347		349				353						359	
						367						373						379	
		383						389								397			
401								409										419	
421										431		433						439	
		443						449								457			
461		463				467												479	
						487				491								499	

Abb. 4.3 Primzahlen im Zahlenraum bis 500

---

[1]Für den aktuellen Stand s. https://de.wikipedia.org/wiki/Primzahl [28.07.2020].

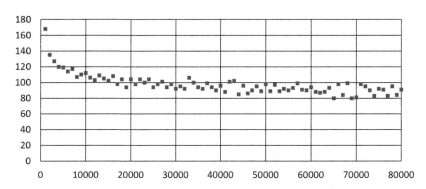

Abb. 4.4 Verteilung der Primzahlen im Zahlenraum bis 80 000; dargestellt ist jeweils die Anzahl der Primzahlen im vorausgehenden Tausenderintervall

gleich n sind (Davis und Hersh 1985, S. 215–223; Remmert und Ullrich 2008, S. 72–77). Dieser ist allerdings nicht elementar zu beweisen. In Bezug auf die Verteilung der Primzahlen existieren derzeit noch zahlreiche ungelöste Probleme (Walz 2017, Bd. 4, S. 252–254). So ist beispielsweise die Vermutung, dass es unendlich viele sog. Primzahlzwillinge (wie 5 und 7, 461 und 463, 36 467 und 36 469) gibt, bis dato noch nicht bewiesen.

Im Folgenden sollen drei Aussagen die unregelmäßige Verteilung der Primzahlen verdeutlichen: Es gibt nicht nur unendliche viele Primzahlen (Satz 4.4), sondern auch Primzahllücken beliebiger Länge (Satz 4.5), und man kann Bereiche angeben, in denen man mit Sicherheit stets eine Primzahl findet (Satz 4.6).

Satz 4.4 Es gibt unendlich viele Primzahlen.

Beweis: durch Widerspruch: Angenommen, es gibt nur endlich viele Primzahlen $p_1, \ldots, p_n$. Dann bildet man die Zahl $p_1 \cdot \ldots \cdot p_n + 1$, die aufgrund der Abgeschlossenheit von $n \in \mathbb{N}$ bezüglich der Addition und der Multiplikation existiert. Nach Satz 4.1 ist der kleinste von 1 verschiedene Teiler von $p_1 \cdot \ldots \cdot p_n + 1$ eine Primzahl; er wird mit p bezeichnet. Aufgrund der Annahme, dass es nur endlich viele Primzahlen gibt, ist p in $p_1, \ldots, p_n$ enthalten und deshalb $p \mid p_1 \cdot \ldots \cdot p_n$. Hieraus und aus $p \nmid 1$ folgt $p \nmid p_1 \cdot \ldots \cdot p_n + 1$ nach Satz 1.3 (1), im Widerspruch zur Festlegung von p. Deshalb ist p eine weitere Primzahl und die Annahme, dass es nur endlich viele Primzahlen gibt, falsch. ◄

Dieser Beweis nach Euklid liefert zugleich ein Verfahren, um aus n bekannten Primzahlen eine neue zu konstruieren: Der kleinste von 1 verschiedene Teiler von $p_1 \cdot \ldots \cdot p_n + 1$ ist eine weitere Primzahl: Manchmal ist schon $p_1 \cdot \ldots \cdot p_n + 1$ eine Primzahl, wie die Beispiele $2 \cdot 3 \cdot 5 + 1 = 31$ oder $2 \cdot 3 \cdot 5 \cdot 7 + 1 = 211$ zeigen. Allerdings nicht immer, wie das Beispiel $2 \cdot 3 \cdot 5 \cdot 7 \cdot 11 \cdot 13 + 1 = 30\,031$ mit $30\,031 = 59 \cdot 509$ belegt. In diesem Fall ist 59, der kleinste von 1 verschiedene Teiler, eine weitere Primzahl. Das letzte Beispiel zeigt insbesondere, dass dieses Verfahren für die Suche nach großen Primzahlen nicht sehr effektiv ist.

Satz 4.5 Für jedes $n \in \mathbb{N}$ gibt es n aufeinanderfolgende Zahlen, die keine Primzahlen sind (eine Primzahllücke der Länge n).

Beweis: Es werden explizit n aufeinanderfolgende Zahlen angegeben, die keine Primzahlen sind. Dazu betrachtet man $(n + 1)! = 1 \cdot 2 \cdot 3 \cdot \ldots \cdot n \cdot (n + 1)$, das Produkt der ersten $n + 1$ natürlichen Zahlen. Für $k \in \mathbb{N}$ mit $2 \leq k \leq n + 1$ gilt $k \mid (n + 1)!$, da k jeweils einer der $n + 1$ Faktoren ist, und weiter $k \mid (n + 1)! + k$. Folglich sind die n aufeinanderfolgenden Zahlen

$$(n + 1)! + 2, \ldots, (n + 1)! + n + 1$$

alle keine Primzahlen und man hat eine Primzahllücke der Länge n konstruiert. ◄

Ein Beispiel: Die sieben aufeinanderfolgenden Zahlen $(7 + 1)! + 2$, ..., $(7 + 1)! + 8$, konkret $40\,322$, ..., $40\,328$ sind keine Primzahlen. Allerdings ist die eigentliche Primzahllücke wesentlich größer, nämlich $40\,290$, ..., $40\,342$, und es handelt sich auch nicht um die erste Primzahllücke der Länge 7; diese findet sich schon bei 90, ..., 96.

Satz 4.6 Für $n \in \mathbb{N}$, $n \geq 3$, gibt es zwischen n und $n!$ mindestens eine Primzahl.

Beweis: Der kleinste von 1 verschiedene Teiler von $n! - 1$ ist nach Satz 4.1 eine Primzahl und wird mit p bezeichnet. Es gilt demnach $p \leq n! - 1$. Aus $p \mid n! - 1$ und $p \nmid 1$ folgt nach Satz 1.3 (1), dass $p \nmid n!$ und hieraus wiederum, dass $p > n$.

Beide Abschätzungen für p zusammen ergeben $n < p \leq n! - 1$. Folglich ist p eine Primzahl zwischen n und $n!$. ◄

Satz 4.6 besagt insbesondere auch, dass es unendlich viele Primzahlen gibt: Denn für jedes $n \in \mathbb{N}$, $n \geq 3$, findet man eine Primzahl, die größer als n ist. Der Beweis von Satz 4.6 ist damit indirekt ein weiterer Beweis für Satz 4.4.

Primfaktorzerlegung

5

Wenn man eine natürliche Zahl multiplikativ so weit wie möglich zerlegt, bleiben erfahrungsgemäß stets dieselben Primzahlen übrig, unabhängig davon, wie man vorgeht (Abb. 5.1). Damit erweisen sich die Primzahlen als „Bausteine" oder „Atome" der natürlichen Zahlen. In diesem Kontext werden triviale Zerlegungen wie $3 = 3 \cdot 1$ ausgeblendet, da sie keinen Aufschluss über die Struktur der Zahl geben. Die multiplikative Zerlegung natürlicher Zahlen in Primzahlen wird im Folgenden vertieft und durch den Hauptsatz der Zahlentheorie genauer gefasst.

Definition 5.1 Für $n \in \mathbb{N}$ heißt eine Primzahl p mit $p \mid n$ ein *Primfaktor* von n.

Jede natürliche Zahl n mit $n \geq 2$ besitzt mindestens einen Primfaktor, da nach Satz 4.1 der kleinste von 1 verschiedene Teiler von n eine Primzahl ist.

Definition 5.2 Für $n \in \mathbb{N}$ heißt eine Zerlegung der Form

$$n = p_1 \cdot p_2 \cdot \ldots \cdot p_k \text{ mit } p_1, p_2, \ldots, p_k \in \mathbb{P} \text{ und } k \in \mathbb{N}$$

eine *Primfaktorzerlegung* von n.

Der Hauptsatz der Zahlentheorie präzisiert die eingangs formulierte Erfahrung, dass eine multiplikative Zerlegung einer natürlichen Zahl unabhängig von der Vorgehensweise letztlich immer zu denselben Primfaktoren führt.

© Der/die Herausgeber bzw. der/die Autor(en), exklusiv lizenziert durch Springer Fachmedien Wiesbaden GmbH, ein Teil von Springer Nature 2020 G. Wittmann, *Grundbegriffe der elementaren Zahlentheorie*, essentials, https://doi.org/10.1007/978-3-658-31756-0_5

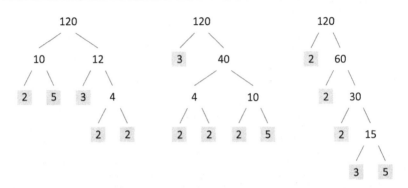

Abb. 5.1 Multiplikative Zerlegungen von 120

Satz 5.1 (Hauptsatz der Zahlentheorie) Jede natürliche Zahl n mit $n \geq 2$ besitzt eine Primfaktorzerlegung, die bis auf die Reihenfolge der Faktoren eindeutig ist.

Beweis: Der Satz umfasst eine Existenzaussage und eine Eindeutigkeitsaussage, die in dieser Reihenfolge bewiesen werden.

Zunächst wird gezeigt, dass jede natürliche Zahl $n \geq 2$ eine Primfaktorzerlegung besitzt, indem ein Verfahren zur Erzeugung einer Primfaktorzerlegung beschrieben wird. Der kleinste von 1 verschiedene Teiler von n ist nach Satz 4.1 eine Primzahl und wird mit p_1 bezeichnet. Falls $n = p_1$, ist dieser Teil des Satzes schon bewiesen. Falls nicht, gibt es wegen $1 < p_1 < n$ eine Zerlegung $n = n_1 \cdot p_1$ mit $1 < n_1 < n$. Falls n_1 eine Primzahl ist, existiert mit $n = n_1 \cdot p_1$ eine Primfaktorzerlegung von n, und dieser Teil des Satzes ist bewiesen. Falls nicht, bezeichnet man den kleinsten von 1 verschiedenen Teiler von n_1 mit p_2. Wegen $1 < p_2 < n_1$ gibt es eine Zerlegung $n_1 = n_2 \cdot p_2$ mit $1 < n_2 < n_1$. Falls n_2 eine Primzahl ist, existiert mit $n = n_2 \cdot p_1 \cdot p_2$ eine Primfaktorzerlegung von n, und dieser Teil des Satzes ist bewiesen. Falls nicht, bezeichnet man den kleinsten von 1 verschiedenen Teiler von n_2 mit p_3, und so weiter. Das Verfahren bricht wegen $1 < \ldots < n_2 < n_1 < n$ nach einer endlichen Anzahl von Schritten mit einer Primzahl $n_{k-1} = p_k$ ab, sodass $n = p_1 \cdot \ldots \cdot p_k$ eine Primfaktorzerlegung von n ist.

Durch einen Widerspruchsbeweis wird gezeigt, dass $n = p_1 \cdot \ldots \cdot p_k$ die einzige mögliche Primfaktorzerlegung ist (bis auf die Reihenfolge der Faktoren). Angenommen, die Primfaktorzerlegung ist nicht eindeutig. Es gibt also

mindestens eine natürliche Zahl, die mehrere Primfaktorzerlegungen besitzt. Die kleinste dieser Zahlen wird mit a bezeichnet.
Dann sind

$$a = p_1 \cdot \ldots \cdot p_k \text{ mit } p_1, \ldots, p_k \in \mathbb{P} \text{ und } k \in \mathbb{N}$$

sowie

$$a = q_1 \cdot \ldots \cdot q_l \text{ mit } q_1, \ldots, q_l \in \mathbb{P} \text{ und } l \in \mathbb{N}$$

zwei verschiedene Primfaktorzerlegungen von a.

Es gilt $p_i \neq q_j$ für $1 \leq i \leq k$ und $1 \leq j \leq l$. In Worten: Es gibt keinen Primfaktor, der in beiden Primfaktorzerlegungen vorkommt. Denn wenn $p_i = q_j$ für passende Indizes i und j ein gemeinsamer Primfaktor wäre, dann könnte man beide Primfaktorzerlegungen von a durch diesen dividieren und hätte eine kleinere Zahl als a, die zwei verschiedene Primfaktorzerlegungen besitzt. Also gilt insbesondere $p_1 \neq q_1$ und man kann ohne Beschränkung der Allgemeinheit $p_1 > q_1$ annehmen (andernfalls vertauscht man einfach die Bezeichnungen). Nun betrachtet man

$$b = (p_1 - q_1) \cdot p_2 \cdot \ldots \cdot p_k.$$

Aus $p_1 > q_1$ folgt unmittelbar $p_1 - q_1 > 0$ und weiter $b \in \mathbb{N}$ sowie $b < a$. Nun formt man die rechte Seite der Gleichung um:

$$\begin{aligned}
b &= (p_1 - q_1) \cdot p_2 \cdot \ldots \cdot p_k \\
&= p_1 \cdot p_2 \cdot \ldots \cdot p_k - q_1 \cdot p_2 \cdot \ldots \cdot p_k \\
&= a - q_1 \cdot p_2 \cdot \ldots \cdot p_k \\
&= q_1 \cdot q_2 \cdot \ldots \cdot q_l - q_1 \cdot p_2 \cdot \ldots \cdot p_k \\
&= q_1 \cdot (q_2 \cdot \ldots \cdot q_l - p_2 \cdot \ldots \cdot p_k)
\end{aligned}$$

Die unterste Zeile besagt, dass $q_1 \mid b$. Da b wegen $b < a$ eine eindeutige Primfaktorzerlegung besitzt, muss q_1 in der Primfaktorzerlegung von

$$b = (p_1 - q_1) \cdot p_2 \cdot \ldots \cdot p_k$$

vorkommen. Wegen $q_1 \neq p_1, \ldots, p_k$ gilt $q_1 \mid p_1 - q_1$ und wegen $q_1 \mid q_1$ weiter $q_1 \mid p_1$. Da p_1 eine Primzahl ist, folgt daraus $q_1 = p_1$, im Widerspruch dazu, dass beide Primfaktorzerlegungen keine gemeinsamen Primfaktoren aufweisen. Also gibt es keine Zahl, die mehrere Primfaktorzerlegungen besitzt, und die Primfaktorzerlegung ist bis auf die Reihenfolge der Faktoren eindeutig. ◄

Der erste Teil des Beweises von Satz 5.1 beschreibt zugleich ein Verfahren (einen Algorithmus), um die Primfaktorzerlegung einer natürlichen Zahl n systematisch zu bestimmen, indem man stets den kleinsten Primfaktor abspaltet:

$$504 = 252 \cdot 2$$
$$= 126 \cdot 2 \cdot 2$$
$$= 63 \cdot 2 \cdot 2 \cdot 2$$
$$= 21 \cdot 3 \cdot 2 \cdot 2 \cdot 2$$
$$= 7 \cdot 3 \cdot 3 \cdot 2 \cdot 2 \cdot 2$$

Die Primfaktorzerlegung ist eindeutig bis auf die Reihenfolge der Faktoren. Üblicherweise schreibt man sie mittels Potenzen der Primfaktoren so auf, dass diese der Größe nach geordnet sind:

$$n = p_1^{\alpha_1} \cdot p_2^{\alpha_2} \cdot \ldots \cdot p_k^{\alpha_k} = \prod_{i=1}^{k} p_i^{\alpha_i}$$

mit $p_1 < p_2 < \ldots < p_k \in \mathbb{P}, \alpha_1, \ldots, \alpha_k \in \mathbb{N}$ und $k \in \mathbb{N}$.

Diese Darstellung wird auch als *normierte* oder *kanonische Primfaktorzerlegung* bezeichnet. Die Exponenten $\alpha_1, \alpha_2, \ldots, \alpha_k$ geben dabei an, wie oft der jeweilige Primfaktor $p_1, p_2, \ldots, p_k$ in der Primfaktorzerlegung vorkommt. Die Anzahl der verschiedenen Primfaktoren bestimmt die geometrische Dimension des zugehörigen Hasse-Diagramms (Abb. 1.3 und Abb. 3.1).

Will man die Primfaktorzerlegungen zweier Zahlen a und b vergleichen (wie in Satz 5.2 und Satz 5.5), verwendet man auch Exponenten aus $\mathbb{N}_0$. Dabei werden die Primfaktorzerlegungen von a und b bei Bedarf um weitere Faktoren der Form $p_i^0 = 1$ ergänzt, um einheitliche multiplikative Zerlegungen für a und b zu erhalten, auch wenn diese streng genommen keine Primfaktorzerlegungen sind.

Satz 5.2 (Teilerkriterium) Für $a, b \in \mathbb{N}$ mit den Darstellungen:

$$a = \prod_{i=1}^{k} p_i^{\alpha_i} \text{ und } b = \prod_{i=1}^{k} p_i^{\beta_i}$$

mit $p_1 < p_2 < \ldots < p_k \in \mathbb{P}, \alpha_1, \ldots, \alpha_k, \beta_1, \ldots, \beta_k \in \mathbb{N}_0$ und $k \in \mathbb{N}$ gilt: $a \mid b$ genau dann, wenn $\alpha_i \leq \beta_i$ für alle $i \leq k$.

Beweis: Der Beweis des Satzes umfasst den Beweis der beiden Implikationen.

(1) Wenn $a \mid b$, dann existiert nach Definition 1.1 ein $c \in \mathbb{N}$ mit $b = c \cdot a$. Da c aufgrund der Eindeutigkeit der Primfaktorzerlegung keine Primfaktoren außer $p_1, \ldots, p_k$ haben kann, ist die Darstellung

$$c = \prod_{i=1}^{k} p_i^{\gamma_i}$$

mit $\gamma_1, \ldots, \gamma_k \in \mathbb{N}_0$ stets möglich. Aus

$$b = \prod_{i=1}^{k} p_i^{\beta_i} \text{ und } b = c \cdot a = \prod_{i=1}^{k} p_i^{\gamma_i} \cdot \prod_{i=1}^{k} p_i^{\alpha_i} = \prod_{i=1}^{k} p_i^{\alpha_i + \gamma_i}$$

folgt aufgrund der Eindeutigkeit der Primfaktorzerlegung $\alpha_i + \gamma_i = \beta_i$ oder $\alpha_i \le \beta_i$ für alle $i \le k$.

(2) Wenn $\alpha_i \le \beta_i$ für alle $i \le k$, dann gibt es zu jedem i ein $\gamma_i \in \mathbb{N}_0$ so, dass $\alpha_i + \gamma_i = \beta_i$. Des Weiteren ist c mit

$$c = \prod_{i=1}^{k} p_i^{\gamma_i}$$

eine natürliche Zahl, für die gilt $b = c \cdot a$, woraus $a \mid b$ nach Definition 1.1 folgt. ◄

Satz 5.2 liefert für $a, b \in \mathbb{N}$ ein praktikables Kriterium dafür, ob a ein Teiler von b ist. So sind $8 = 2^3$ und $12 = 2^2 \cdot 3^1$ Teiler von $72 = 2^3 \cdot 3^2$, nicht jedoch $48 = 2^4 \cdot 3^1$ oder $28 = 2^2 \cdot 7^1$.

Weiter eröffnet Satz 5.2 einen Weg, um alle Teiler einer natürlichen Zahl systematisch anzugeben und die Teileranzahl zu berechnen. Beispielsweise hat 8 575 die Primfaktorzerlegung $5^2 \cdot 7^3$, weshalb alle Zahlen der Form

$$5^{\alpha_1} \cdot 7^{\alpha_2} \text{ mit } \alpha_1 \in \{0, 1, 2\} \text{ und } \alpha_2 \in \{0, 1, 2, 3\}$$

genau die Teiler von 8 575 sind. So lassen sich alle Teiler von 8 575 in gezielter Weise zusammenstellen (Tab. 5.1). Die Bestimmung der Teileranzahl erscheint hierbei als ein kombinatorisches Problem: 8 575 besitzt

$$(2 + 1) \cdot (3 + 1) = 12$$

Teiler. Dies wird in Satz 5.3 verallgemeinert.

Tab. 5.1 Systematische Bestimmung aller Teiler von 8 575 auf Grundlage der Primfaktorzerlegung

	7^0	7^1	7^2	7^3
5^0	$5^0 \cdot 7^0 = 1$	$5^0 \cdot 7^1 = 7$	$5^0 \cdot 7^2 = 49$	$5^0 \cdot 7^3 = 343$
5^1	$5^1 \cdot 7^0 = 5$	$5^1 \cdot 7^1 = 35$	$5^1 \cdot 7^2 = 245$	$5^1 \cdot 7^3 = 1\,715$
5^2	$5^2 \cdot 7^0 = 25$	$5^2 \cdot 7^1 = 175$	$5^2 \cdot 7^2 = 1\,225$	$5^2 \cdot 7^3 = 8\,575$

Satz 5.3 Wenn eine Zahl $n \in \mathbb{N}$ die Primfaktorzerlegung

$$n = p_1^{\alpha_1} \cdot p_2^{\alpha_2} \cdot \ldots \cdot p_k^{\alpha_k} \text{ mit } p_1 < p_2 < \ldots < p_k$$

besitzt, dann hat sie $(\alpha_1 + 1) \cdot (\alpha_2 + 1) \cdot \ldots \cdot (\alpha_k + 1)$ Teiler.

Beweis: Nach Satz 5.2 besitzen alle Teiler von n die Form

$$p_1^{\beta_1} \cdot p_2^{\beta_2} \cdot \ldots \cdot p_k^{\beta_k} \text{ mit } 0 \leq \beta_i \leq \alpha_i \text{ für } 1 \leq i \leq k.$$

Folglich hat n genau $(\alpha_1 + 1) \cdot (\alpha_2 + 1) \cdot \ldots \cdot (\alpha_k + 1)$ Teiler. ◄

Auf der Grundlage von Satz 5.3 lässt sich eine natürliche Zahl anhand ihrer Primfaktorzerlegung weitreichend charakterisieren, wie zwei Beispiele zeigen.

Eine Zahl $n \in \mathbb{N}$ ist genau dann eine Quadratzahl, wenn die Teileranzahl $|T(n)|$ ungerade ist. Dies sieht man so: Wenn n eine Quadratzahl ist, sind $\alpha_1, \alpha_2, \ldots, \alpha_k$ gerade und folglich alle Faktoren im Produkt

$$(\alpha_1 + 1) \cdot (\alpha_2 + 1) \cdot \ldots \cdot (\alpha_k + 1)$$

ungerade, weshalb auch das Produkt ungerade ist. Wenn n keine Quadratzahl ist, ist mindestens einer der Exponenten $\alpha_1, \alpha_2, \ldots, \alpha_k$ ungerade und folglich mindestens einer der Faktoren im Produkt

$$(\alpha_1 + 1) \cdot (\alpha_2 + 1) \cdot \ldots \cdot (\alpha_k + 1)$$

gerade, weshalb auch das Produkt gerade ist.

Wenn die Teileranzahl $|T(n)|$ eine Primzahl ist, dann besitzt n nur einen Primfaktor p und eine Primfaktorzerlegung der Form $n = p^{|T(n)|-1}$.

Die Primfaktorzerlegung eröffnet auch in Bezug auf die Teilbarkeitsregeln neue Möglichkeiten: Wie schon der Beweis zu Satz 2.1 andeutet, kann man

Endstellenregeln prinzipiell für alle Zahlen formulieren, die Teiler einer Zehnerpotenz sind, deren Primfaktorzerlegung nach Satz 5.2 also nur die beiden Faktoren 2 oder 5 umfasst (im Sinne eines einschließenden „oder"). Natürlich besitzt eine Regel für die Teilbarkeit durch beispielsweise $32 = 2^5$ oder $80 = 2^4 \cdot 5$ keine praktische Bedeutung, sondern ist eher von prinzipiellem Interesse.

Satz 5.4 (Allgemeine Endstellenregel) Eine Zahl $n \in \mathbb{N}$ ist genau dann durch $2^{\alpha_1} \cdot 5^{\alpha_2}$ teilbar, wenn die aus den letzten $\max(\alpha_1, \alpha_2)$ Ziffern gebildete Zahl

$$a_{\max(\alpha_1, \alpha_2)} \cdot 10^{\max(\alpha_1, \alpha_2)} + \ldots + a_1 \cdot 10 + a_0$$

durch n teilbar ist.

Der **Beweis** erfolgt in Analogie zum Beweis von Satz 2.1. ◄

Für $a, b \in \mathbb{N}$ eröffnet die Primfaktorzerlegung eine zweite Möglichkeit neben dem Euklidischen Algorithmus (Satz 3.3), um $\mathrm{ggT}(a, b)$ systematisch zu bestimmen (Satz 5.5) und fördert darüber hinaus einen Zusammenhang von $\mathrm{ggT}(a, b)$ und $\mathrm{kgV}(a, b)$ zutage (Satz 5.6).

Satz 5.5 Für $a, b \in \mathbb{N}$ mit den Darstellungen

$$a = \prod_{i=1}^{k} p_i^{\alpha_i} \text{ und } b = \prod_{i=1}^{k} p_i^{\beta_i}$$

mit $p_1 < p_2 < \ldots < p_k \in \mathbb{P}, \alpha_1, \ldots, \alpha_k, \beta_1, \ldots, \beta_k \in \mathbb{N}_0$ und $k \in \mathbb{N}$ gilt:

$$\mathrm{ggT}(a, b) = \prod_{i=1}^{k} p_i^{\min(\alpha_i, \beta_i)} \text{ und } \mathrm{kgV}(a, b) = \prod_{i=1}^{k} p_i^{\max(\alpha_i, \beta_i)}$$

Beweis: Nach Satz 5.2 haben alle gemeinsamen Teiler von a und b die Form

$$\prod_{i=1}^{k} p_i^{\gamma_i} \text{ mit } 0 \leq \gamma_i \leq \min(\alpha_i, \beta_i),$$

weshalb man für $\gamma_i = \min(\alpha_i, \beta_i)$ den größten gemeinsamen Teiler von a und b erhält. Analog haben nach Definition 1.5 und Satz 5.2 alle gemeinsamen Vielfachen von a und b die Form

$$\prod_{i=1}^{k} p_i^{\gamma_i} \text{ mit } \gamma_i \geq \max(\alpha_i, \beta_i),$$

weshalb man für $\gamma_i = \max(\alpha_i, \beta_i)$ das kleinste gemeinsame Vielfache von a und b erhält. ◄

Zwei Beispiele illustrieren, wie man auf diese Weise ggT und kgV bestimmen kann.

$$176 = 2^4 \cdot 5^0 \cdot 11^1 \qquad\qquad 104 = 2^3 \cdot 5^0 \cdot 11^0 \cdot 13^1$$
$$440 = 2^3 \cdot 5^1 \cdot 11^1 \qquad\qquad 275 = 2^0 \cdot 5^2 \cdot 11^1 \cdot 13^0$$

$$\overline{\text{ggT}(176, 440) = 2^3 \cdot 5^0 \cdot 11^1 = 88 \qquad \text{ggT}(104, 275) = 2^0 \cdot 5^0 \cdot 11^0 \cdot 13^0 = 1}$$
$$\text{kgV}(176, 440) = 2^4 \cdot 5^1 \cdot 11^1 = 880 \qquad \text{kgV}(104, 275) = 2^3 \cdot 5^2 \cdot 11^1 \cdot 13^1 = 28\,600$$

Die beiden Beispiele deuten auch schon nachfolgenden Satz an.

Satz 5.6 Für $a, b \in \mathbb{N}$ gilt: $\text{ggT}(a, b) \cdot \text{kgV}(a, b) = a \cdot b$.

Beweis: Für $a, b \in \mathbb{N}$ mit den Darstellungen

$$a = \prod_{i=1}^{k} p_i^{\alpha_i} \text{ und } b = \prod_{i=1}^{k} p_i^{\beta_i}$$

mit $p_1 < p_2 < \ldots < p_k \in \mathbb{P}, \alpha_1, \ldots, \alpha_k, \beta_1, \ldots, \beta_k \in \mathbb{N}_0$ und $k \in \mathbb{N}$ gilt:

$$\text{ggT}(a,\ b) \cdot \text{kgV}(a,\ b) = \prod_{i=1}^{k} p_i^{\min(\alpha_i,\ \beta_i)} \cdot \prod_{i=1}^{k} p_i^{\max(\alpha_i,\ \beta_i)}$$

$$= \prod_{i=1}^{k} p_i^{\min(\alpha_i,\ \beta_i) + \max(\alpha_i,\ \beta_i)}$$

$$= \prod_{i=1}^{k} p_i^{\alpha_i + \beta_i} = a \cdot b \quad ◄$$

Wenn $a, b \in \mathbb{N}$ teilerfremd sind, dann gilt $\mathrm{ggT}(a, b) = 1$ und folglich $\mathrm{kgV}(a, b) = a \cdot b$ nach Satz 5.6.

Abschließend bringt Satz 5.7 nochmals die für Primzahlen charakteristische Eigenschaft zum Ausdruck, dass sie – in Bezug auf die Multiplikation – unteilbare Elemente, also „kleinste Bausteine" oder „Atome" der natürlichen Zahlen sind.

Satz 5.7 Für $n, a, b \in \mathbb{N}$ mit $n = a \cdot b$ gilt: Wenn $p \in \mathbb{P}$ ein Primfaktor von n ist, dann ist p ein Primfaktor von a oder ein Primfaktor von b.

Beweis: Durch $a = p_1 \cdot \ldots \cdot p_k$ und $b = q_1 \cdot \ldots \cdot q_l$ sind Primfaktorzerlegungen von a und b gegeben. Dann gewinnt man durch

$$n = a \cdot b = p_1 \cdot \ldots \cdot p_k \cdot q_1 \cdot \ldots \cdot q_l$$

eine Primfaktorzerlegung von n. Da p ein Primfaktor von n ist, gilt $p \in \{p_1, \ldots, p_k, q_1, \ldots, q_l\}$ und weiter $p \in \{p_1, \ldots, p_k\}$ oder $p \in \{q_1, \ldots, q_s\}$. Damit ist p ein Primfaktor von a oder b. ◄

Das „oder" in Satz 5.7 ist als einschließendes „oder" zu lesen: p kann ein Primfaktor von nur einer der Zahlen a oder b sein, aber auch von beiden, wie der Primfaktor 2 in $48 = 8 \cdot 6$ zeigt. Es darf nicht im Sinne eines „entweder … oder …" aufgefasst werden, auch wenn ein Zahlenbeispiel wie $72 = 8 \cdot 9$ dies für die Primfaktoren 2 und 3 fälschlicherweise suggeriert.

Satz 5.7 gilt nicht mehr, wenn in der Voraussetzung „Primfaktor" durch „Teiler" ersetzt wird, wie der Teiler 12 in $48 = 8 \cdot 6$ zeigt. Er unterstreicht damit die besonderen Eigenschaften von Primfaktoren.

Kongruenz modulo *m*   6

Im Folgenden richtet sich der Blick bei der Division auf den Rest. Das erscheint zunächst ungewöhnlich, wo doch im Alltag der Quotient meistens bedeutender ist und der Rest oftmals „unter den Tisch fällt". Der Rest, den eine Zahl bei der Division durch m lässt, eröffnet jedoch eine neue Möglichkeit, diese Zahl zu charakterisieren. Weiter lassen sich dadurch die Teilbarkeitsregeln sehr einfach beweisen, historische Rechenproben begründen und die Eigenschaften von Prüfziffern darstellen.

Grundlage hierfür ist die Division mit Rest (Satz 3.1): Für $a, b \in \mathbb{Z}$ und $m \in \mathbb{N}$ gibt es stets eindeutige Darstellungen der Form

$$a = q_1 \cdot m + r_1 \text{ und } b = q_2 \cdot m + r_2 \text{ mit } r_1, r_2 \in \mathbb{N} \text{ und } 0 \le r_1, r_2 < m.$$

Definition 6.1 bezieht sich darauf, dass a und b bei der Division durch m denselben Rest lassen, also $r_1 = r_2$ gilt.

> **Definition 6.1** Zwei Zahlen $a, b \in \mathbb{Z}$ heißen *kongruent modulo m*, wenn sie bei der Division durch $m \in \mathbb{N}$ denselben Rest r mit $0 \le r < m$ lassen.

Man schreibt $a \equiv b \pmod{m}$ und spricht dies als „a und b sind kongruent modulo m". Generell bedeutet „kongruent" in der Mathematik stets „übereinstimmend bezüglich eines bestimmten Merkmals": Bei der Kongruenz modulo m stimmen zwei Zahlen bezüglich des Restes bei der Division durch m überein, bei der bekannten Kongruenz (Deckungsgleichheit) in der Geometrie zwei Figuren bezüglich ihrer Form und Größe.

© Der/die Herausgeber bzw. der/die Autor(en), exklusiv lizenziert durch Springer Fachmedien Wiesbaden GmbH, ein Teil von Springer Nature 2020
G. Wittmann, *Grundbegriffe der elementaren Zahlentheorie*, essentials, https://doi.org/10.1007/978-3-658-31756-0_6

Einige Zahlenbeispiele verdeutlichen die Idee der Kongruenz modulo m:

$17 \equiv 32 \pmod 5$, weil $17 = 3 \cdot 5 + 2$ und $32 = 6 \cdot 5 + 2$.

$17 \not\equiv 32 \pmod 6$, weil $17 = 2 \cdot 6 + 5$ und $32 = 5 \cdot 6 + 2$.

$0 \equiv 42 \pmod 7$, weil $0 = 0 \cdot 7$ und $42 = 6 \cdot 7$.

$-27 \equiv 23 \pmod 5$, weil $-27 = (-6) \cdot 5 + 3$ und $23 = 4 \cdot 5 + 3$.

Die Kongruenz modulo m teilt $\mathbb{Z}$ in Klassen ein, entsprechend dem Rest, der bei der Division durch m bleibt. Hierzu zwei Beispiele: Bei der Division durch 2 können die Reste 0 und 1 bleiben; die beiden Klassen sind die geraden und die ungeraden Zahlen; 0 wird auf diese Weise als gerade Zahl eingestuft. Bei der Division durch 6 können die Reste 0, 1, 2, 3, 4 und 5 verbleiben, sodass man dementsprechend in $\mathbb{Z}$ sechs Klassen unterscheiden kann (vgl. den Beweis zu Satz 4.3). Verfolgt man diesen Ansatz weiter, gelangt man zum Begriff der Rest-klasse (Fischer 2017, S. 13–18; Padberg und Büchter 2018, S. 113–143; Reiss und Schmieder 2017, S. 155–178 und 207–240).

Satz 6.1 (Eigenschaften der Kongruenz modulo m) Für $a, b, c \in \mathbb{Z}$ sowie $m \in \mathbb{N}$ gilt:

(1) $a \equiv a \pmod m$ (Reflexivität)

(2) Wenn $a \equiv b \pmod m$, dann gilt auch $b \equiv a \pmod m$. (Symmetrie)

(3) Wenn $a \equiv b \pmod m$ und $b \equiv c \pmod m$, dann gilt auch $a \equiv c \pmod m$. (Transitivität)

Diese Eigenschaften folgen unmittelbar aus Definition 6.1. Der Satz besagt, dass die Kongruenz modulo m eine Äquivalenzrelation in $\mathbb{Z}$ ist.

Da Definition 6.1 eher anschaulich formuliert ist, werden mit Satz 6.2 zwei alternative Kriterien hergeleitet, die für den Nachweis der Kongruenz modulo m weitaus praktikabler sind.

Satz 6.2 Für $a, b \in \mathbb{Z}$ sowie $m \in \mathbb{N}$ gilt:

(1) $a \equiv b \pmod m$ genau dann, wenn $m \mid a - b$.

(2) $a \equiv b \pmod m$ genau dann, wenn eine Zahl $q \in \mathbb{Z}$ existiert mit $a = b + q \cdot m$.

Beweis: Gemäß der Division mit Rest (Satz 3.1) existieren für a und b Darstellungen $a = q_1 \cdot m + r_1$ und $b = q_2 \cdot m + r_2$ mit $0 \leq r_1, r_2 < m$, die eindeutig sind.

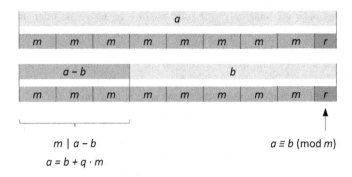

Abb. 6.1 Veranschaulichung von Satz 6.2

(1) $a \equiv b$ (mod m) ist gleichbedeutend mit $r_1 = r_2$ und dies wiederum mit

$$a - b = (q_1 \cdot m + r_1) - (q_2 \cdot m + r_2) = (q_1 - q_2) \cdot m = q \cdot m$$

mit $q = q_1 - q_2 \in \mathbb{Z}$, also mit $m \mid a - b$.

(2) $m \mid a - b$ ist gleichbedeutend damit, dass ein $q \in \mathbb{Z}$ existiert mit $a - b = q \cdot m$ oder entsprechend umgeformt $a = b + q \cdot m$. ◄

Satz 6.2 besagt: Dass zwei Zahlen a und b bei der Division durch m denselben Rest r lassen, ist gleichbedeutend damit, dass ihre Differenz $a - b$ ein Vielfaches von m ist (Abb. 6.1). So ist $17 \equiv 32$ (mod 5) gleichbedeutend mit $5 \mid 17 - 32$ oder $5 \mid -15$. Umgekehrt ist $17 \not\equiv 32$ (mod 6) gleichbedeutend mit $6 \nmid 17 - 32$. Um zu entscheiden, ob zwei Zahlen kongruent modulo m sind, genügt es also zu prüfen, ob ihre Differenz durch m teilbar ist.

Satz 6.3 (Additions- und Multiplikationsregel) Für $a, b, c, d \in \mathbb{Z}$ und $m \in \mathbb{N}$ gilt:

(1) Wenn $a \equiv b$ (mod m) und $c \equiv d$ (mod m), dann gilt auch $a \pm c \equiv b \pm d$ (mod m).

(2) Wenn $a \equiv b$ (mod m) und $c \equiv d$ (mod m), dann gilt auch $a \cdot c \equiv b \cdot d$ (mod m).

Beweis: Nach Satz 6.2 ist $a \equiv b$ (mod m) und $c \equiv d$ (mod m) gleichbedeutend mit $m \mid a - b$ und $m \mid c - d$. Damit lassen sich die beiden Aussagen zeigen:

(1) Aus $m \mid a - b$ und $m \mid c - d$ folgt $m \mid (a - b) \pm (c - d)$ oder, nach Umformung des Terms, $m \mid (a \pm c) - (b \pm d)$. Dies wiederum ist gleichbedeutend mit $a \pm c \equiv b \pm d \pmod{m}$.

(2) Aus $m \mid a - b$ und $m \mid c - d$ folgt $m \mid (a - b) \cdot c$ und $m \mid (c - d) \cdot b$ sowie unter Rückgriff auf (1) weiter $m \mid (a - b) \cdot c + (c - d) \cdot b$ und, nach Umformung, $m \mid a \cdot c - b \cdot d$, was gleichbedeutend ist mit $a \cdot c \equiv b \cdot d \pmod{m}$. ◀

Satz 6.3 zufolge sind Kongruenzen stabil bezüglich der Addition, Subtraktion und Multiplikation: Aus $17 \equiv 32 \pmod 5$ und $44 \equiv 9 \pmod 5$ folgt $17 \pm 44 \equiv 32 \pm 9 \pmod 5$ und $17 \cdot 44 \equiv 32 \cdot 9 \pmod 5$.

Mithilfe der Kongruenz modulo m lassen sich nun die Quersummenregeln für die Teilbarkeit durch 3 und 9 (Satz 2.2) sowie die alternierende Quersummenregel für die Teilbarkeit durch 11 (Satz 2.3) wesentlich einfacher beweisen.

Satz 6.4 (Quersummenregeln)
Für $n \in \mathbb{N}$ gilt: $Q(n) \equiv n \pmod 3$ und $Q(n) \equiv n \pmod 9$.

Beweis: Grundlage ist die Darstellung von n im dezimalen Stellenwertsystem:

$$n = a_k \cdot 10^k + a_{k-1} \cdot 10^{k-1} + \ldots + a_2 \cdot 10^2 + a_1 \cdot 10 + a_0 = \sum_{i=0}^{k} a_i \cdot 10^i$$

Es gilt $10 \equiv 1 \pmod 9$ und nach Satz 6.3 auch $10^i \equiv 1 \pmod 9$ sowie $a_i \cdot 10^i \equiv a_i \pmod 9$ für $i = 0, \ldots, k$. Weiter folgt, ebenfalls nach Satz 6.3,

$$\sum_{i=0}^{k} a_i \cdot 10^i \equiv \sum_{i=0}^{k} a_i \pmod 9$$

oder $n \equiv Q(n) \pmod 9$. ◀

Satz 6.4 besagt, dass eine natürliche Zahl und ihre Quersumme bei der Division durch 3 bzw. 9 denselben Rest lassen. Dies gilt insbesondere für den Rest 0. Damit kann die Teilbarkeitsregel in Satz 2.2 rückblickend als eine schwächere Formulierung von Satz 6.4 eingeordnet werden.

Satz 6.5 (Alternierende Quersummenregel)
Für $n \in \mathbb{N}$ gilt: $Q'(n) \equiv n \pmod{11}$.

Beweis: Grundlage ist die Darstellung von n im dezimalen Stellenwertsystem.

$$n = a_k \cdot 10^k + a_{k-1} \cdot 10^{k-1} + \ldots + a_2 \cdot 10^2 + a_1 \cdot 10 + a_0$$

$$= \sum_{i=0}^{k} a_i \cdot 10^i$$

Es gilt $10 \equiv -1 \pmod{11}$ und nach Satz 6.3 auch $10^i \equiv (-1)^i \pmod{11}$ sowie $a_i \cdot 10^i \equiv (-1)^i \cdot a_i \pmod{11}$ für $i = 0, \ldots, k$. Weiter folgt, ebenfalls nach Satz 6.3,

$$\sum_{i=0}^{k} a_i \cdot 10^i \equiv \sum_{i=0}^{k} (-1)^i \cdot a_i \pmod{11}$$

oder $n \equiv Q'(n) \pmod{11}$. ◄

Gemäß Satz 6.5 lassen eine Zahl und ihre alternierende Quersumme bei der Division durch 11 denselben Rest – auch dies ist eine weiter reichende Aussage als die alternierende Quersummenregel in Satz 2.3.

Die Bildung der (alternierenden) Quersumme ist auch mehrfach möglich, wie am Beispiel der Neunerregel gezeigt wird: Wendet man Satz 6.4 auf $n \equiv Q(n) \pmod{9}$ nochmals an, erhält man

$$Q(n) \equiv Q(Q(n)) \pmod{9}.$$

Aus $n \equiv Q(n) \pmod{9}$ und $Q(n) \equiv Q(Q(n)) \pmod{9}$ wiederum folgt

$$n \equiv Q(Q(n)) \pmod{9}$$

aufgrund der Transitivität der Kongruenzrelation (Satz 6.1). Wenn also die Quersumme so groß ist, dass man die Teilbarkeit durch 9 daran noch nicht erkennen kann, bildet man einfach nochmals die Quersumme.

Von Bedeutung war dies insbesondere früher, als noch keine schriftlichen Rechenverfahren verwendet wurden, die Schritt für Schritt nachgeprüft werden

können, sondern mit Rechensteinen oder Rechenpfennigen „auf den Linien"
gerechnet wurde, wo der Rechenweg einschließlich möglicher Fehler rückblickend nicht mehr erkennbar ist. So findet sich die Neunerprobe auch bei Adam
Ries (Deschauer 1992, S. 22 − 28 und 31 −139 2001).

Satz 6.6 (Neuner- und Elferprobe) Für $a, b \in \mathbb{N}$ gilt:

$Q(a \pm b) \equiv Q(a) \pm Q(b) \pmod 9$

$Q(a \cdot b) \equiv Q(a) \cdot Q(b) \pmod 9$

$Q'(a \pm b) \equiv Q'(a) \pm Q'(b) \pmod{11}$

$Q'(a \cdot b) \equiv Q'(a) \cdot Q'(b) \pmod{11}$

Beweis: Gezeigt wird die Neunerprobe für die Multiplikation. Diesbezüglich
gilt nach Satz 6.3 zunächst $Q(a \cdot b) \equiv a \cdot b \pmod 9$ sowie $Q(a) \equiv a \pmod 9$ und
$Q(b) \equiv b \pmod 9$. Aus der Multiplikationsregel in Satz 6.3 folgt

$$Q(a) \cdot Q(b) \equiv a \cdot b \pmod 9,$$

und aufgrund der Transitivität und der Symmetrie schließlich die Neunerprobe

$$Q(a \cdot b) \equiv Q(a) \cdot Q(b) \pmod 9.$$

Für die anderen Rechenproben läuft der Beweis analog. ◀

Ein Beispiel für die Neunerprobe, die häufig in Kreuzform notiert wurde
(Abb. 6.2): Ist die Rechnung $386 \cdot 254 = 98\,044$ korrekt? Man notiert den
Neunerrest des Produkts oben (7), die Neunerreste der beiden Faktoren links (8)
und rechts (2) sowie deren Produkt unten (16). Dieses muss denselben Neunerrest
besitzen wie das Produkt, was hier der Fall ist.

Dahinter steht, dass nach Satz 6.6 gilt:

$$Q(386 \cdot 254) \equiv Q(386) \cdot Q(254) \pmod 9.$$

Man berechnet

$$Q(98\,044) \equiv 7 \pmod 9$$

Abb. 6.2 Neunerprobe in
Kreuzform

Abb. 6.3 Beispiel einer ISBN

sowie

$$Q(386) \equiv 8 \,(\mathrm{mod}\ 9)$$

und

$$Q(254) \equiv 2 \,(\mathrm{mod}\ 9).$$

Da $7 \equiv 16 \,(\mathrm{mod}\ 9)$, liefert die Neunerprobe keinen Hinweis auf einen Fehler. Sie deckt jedoch nicht alle Fehler auf – die Neunerprobe liefert ein notwendiges, aber nicht hinreichendes Kriterium für die Korrektheit der Rechnung.

Eine aktuelle Anwendung der Kongruenz modulo *m* sind Prüfziffern, die auf einer gewichteten Quersumme basieren, um Fehler beim Eintippen von Ziffern oder Einlesen von Barcodes aufzudecken. Gewichtete Quersummen verwendet man deswegen, weil sie – anders als Quersummen – in vielen Fällen auf Zahlendreher reagieren. Zwei Beispiele werden hier kurz vorgestellt.[1]

Die Internationale Standardbuchnummer (ISBN) ist heute 13-stellig[2] (Abb. 6.3), also von der Form $a_1a_2a_3$-a_4-$a_5a_6a_7$-$a_8a_9a_{10}a_{11}a_{12}$-a_{13} (es handelt sich dabei um Trennungsstriche, nicht um Minuszeichen). Die letzte Ziffer ist eine Prüfziffer. Hierfür wird eine gewichtete Quersumme aus den ersten 12 Ziffern der noch unvollständigen ISBN gebildet; die Ziffern an ungerader Position gehen mit einfacher Gewichtung, die Ziffern an gerader Position mit dreifacher Gewichtung ein. Die Prüfziffer wird dann so bestimmt, dass sie diese gewichtete Quersumme zum nächsten Vielfachen von 10 ergänzt. (Ausnahme: Ist die letzte Ziffer eine 0 und beträgt die Differenz 10, ist die Prüfziffer eine 0). Es gilt also:

---

[1]Für weitere Beispiele s. https://de.wikipedia.org/wiki/Prüfziffer [19.06.2020].
[2]Quelle: https://www.isbn-shop.de/dokumente/ISBN-Handbuch.pdf [20.07.2020].

Abb. 6.4 Beispiel einer PZN

PZN -04704198

$$a_1 + 3 \cdot a_2 + a_3 + 3 \cdot a_4 + a_5 + 3 \cdot a_6 + a_7 + 3 \cdot a_8 + a_9$$
$$+ 3 \cdot a_{10} + a_{11} + 3 \cdot a_{12} + a_{13} \equiv 0 \,(\mathrm{mod}\,10)$$

Demnach errechnet man für die ISBN in Abb. 6.3:

$$9 + 3 \cdot 7 + 8 + 3 \cdot 3 + 6 + 3 \cdot 6 + 2 + 3 \cdot 5 + 8 + 3 \cdot 0 + 5 + 3 \cdot 9 + 2 = 130$$

und $130 \equiv 0 \,(\mathrm{mod}\,10)$.

Die Europäische Artikelnummer (EAN) besitzt dieselbe mathematische Struktur wie die ISBN, wenngleich mit anderer inhaltliche Bedeutung. Sie befindet sich nicht nur auf verpackten Produkten, sondern wird auch für individuell generierte Bons (etwa an der Käsetheke oder beim Abwiegen von Obst) verwendet.

Die Pharmazentralnummer (PZN) identifiziert jedes Medikament eindeutig[3] (Abb. 6.4). Sie ist 8-stellig, also von der Form $a_1a_2a_3a_4a_5a_6a_7a_8$. Die achte Ziffer ist eine Prüfziffer. Grundlage hierfür ist eine gewichtete Quersumme:

$$a_1 + 2 \cdot a_2 + 3 \cdot a_3 + 4 \cdot a_4 + 5 \cdot a_5 + 6 \cdot a_6 + 7 \cdot a_7$$

Diese wird durch 11 dividiert und der Rest dieser Division ergibt die Prüfziffer. (Nummern, mit dem Rest 10 werden nicht vergeben.) Es gilt

$$a_1 + 2 \cdot a_2 + 3 \cdot a_3 + 4 \cdot a_4 + 5 \cdot a_5 + 6 \cdot a_6 + 7 \cdot a_7 \equiv a_8 \,(\mathrm{mod}\,11)$$

oder

$$a_1 + 2 \cdot a_2 + 3 \cdot a_3 + 4 \cdot a_4 + 5 \cdot a_5 + 6 \cdot a_6 + 7 \cdot a_7 - a_8 \equiv 0 \,(\mathrm{mod}\,11).$$

Für die PZN in Abb. 6.4 erhält man:

$$0 + 2 \cdot 4 + 3 \cdot 7 + 4 \cdot 0 + 5 \cdot 4 + 6 \cdot 1 + 7 \cdot 9 - 8 = 110.$$

und $110 \equiv 0 \,(\mathrm{mod}\,11)$.

---

[3]Quelle: https://www.ifaffm.de/de/downloads/id/12.html [27.07.2020].

Was Sie aus diesem *essential* mitnehmen können

Zunächst die Grundbegriffe der elementaren Zahlentheorie. Darüber hinaus auch die elementare Zahlentheorie als ein Beispiel für

- ein systematisch-deduktiv aufgebautes Teilgebiet der Mathematik: beginnend mit einer grundlegenden Definition, aus der dann Schritt für Schritt immer weitere Sätze hergeleitet und bei Bedarf neue Begriffe definiert werden,
- die Notwendigkeit, aus der Schul- und Alltagsmathematik bekannte Begriffe so zu definieren, dass sie für die mathematische Theorieentwicklung tragfähig sind, und sich hieraus ergebende Konsequenzen,
- typisch mathematische Denk- und Arbeitsweisen, insbesondere verschiedene Formen der Beweisführung.

© Der/die Herausgeber bzw. der/die Autor(en), exklusiv lizenziert durch
Springer Fachmedien Wiesbaden GmbH, ein Teil von Springer Nature 2020
G. Wittmann, *Grundbegriffe der elementaren Zahlentheorie,* essentials,
https://doi.org/10.1007/978-3-658-31756-0

Literatur

Beutelspacher, A., Neumann, H. B., Schwarzpaul, T. (2010). *Kryptografie in Theorie und Praxis. Mathematische Grundlagen für Internetsicherheit, Mobilfunk und elektronisches Geld* (2. Aufl.). Braunschweig: Vieweg + Teubner.

Davis, P. J. & Hersh, R. (1985). *Erfahrung Mathematik*. Basel, Boston, Stuttgart: Birkhäuser.

Deschauer, S. (1992). *Das zweite Rechenbuch von Adam Ries. Eine moderne Textfassung mit Kommentar und metrologischem Anhang und einer Einführung in Leben und Werk des Rechenmeisters*. Braunschweig, Wiesbaden: Vieweg.

Deschauer, S. (2001). Zur Durchführung der Neunerprobe in frühen deutschen Rechenbüchern. *Sudhoffs Archiv*, 85(2), S. 129–137.

Fischer, R. (2017). *Lehrbuch der Algebra. Mit lebendigen Beispielen, ausführlichen Erläuterungen und zahlreichen Bildern* (4. Aufl.). Berlin: Springer Spektrum.

Padberg, F. & Büchter, A. (2018). *Elementare Zahlentheorie* (4. Aufl.). Berlin: Springer Spektrum.

Reiss, K. & Schmieder, G. (2014). *Basiswissen Zahlentheorie. Eine Einführung in Zahlen und Zahlbereiche* (3. Aufl.). Berlin, Heidelberg: Springer Spektrum.

Remmert, R. & Ullrich, P. (2008). *Elementare Zahlentheorie* (3. Aufl.). Basel: Birkhäuser.

Walz, G. (Hrsg.) (2017). *Lexikon der Mathematik* (5 Bände). Berlin: Springer Spektrum.

© Der/die Herausgeber bzw. der/die Autor(en), exklusiv lizenziert durch Springer Fachmedien Wiesbaden GmbH, ein Teil von Springer Nature 2020
G. Wittmann, *Grundbegriffe der elementaren Zahlentheorie,* essentials,
https://doi.org/10.1007/978-3-658-31756-0

Printed in the United States
by Baker & Taylor Publisher Services